Rotes Heft/Ausbildung kompakt 210

Notfalltraining für Atemschutzgeräteträger

von
Christian Spielvogel
Brandamtmann
Berufsfeuerwehr Karlsruhe

Markus Rüsenberg
Oberbrandmeister
Berufsfeuerwehr Karlsruhe

3., überarbeitete und erweiterte Auflage 2009

Verlag W. Kohlhammer

Wichtiger Hinweis

Die Verfasser haben größte Mühe darauf verwendet, dass die Angaben und Anweisungen dem jeweiligen Wissensstand bei Fertigstellung des Werkes entsprechen. Weil sich jedoch die technische Entwicklung sowie Normen und Vorschriften ständig im Fluss befinden, sind Fehler nicht vollständig auszuschließen. Daher übernehmen die Autoren und der Verlag für die im Buch enthaltenen Angaben und Anweisungen keine Gewähr.

1. Auflage 2007
2., überarbeitete Auflage 2007
3., überarbeitete und erweiterte Auflage 2009

© 2007/2009 W. Kohlhammer GmbH, Stuttgart
Gesamtherstellung: W. Kohlhammer
Druckerei GmbH + Co. KG, Stuttgart
Printed in Germany

ISBN 978-3-17-020659-5

Inhaltsverzeichnis

Vorwort

Die Feuerwehr arbeitet von Natur aus häufig in lebensfeindlichen Bereichen. Dabei unterliegen die Einsatzkräfte grundsätzlich den selben physiologischen Grenzen wie die zu Rettenden – lediglich Ausrüstung und Ausbildung unterscheiden die Retter von den Opfern.

Trotz aller Bemühungen wird es eine 100 %-ige Sicherheit nie geben. In seltenen Fällen sind Einsatzkräfte unvorhersehbaren und dynamischen Situationen ausgesetzt, die mit einem Überleben nicht vereinbar sind.

Um die für den Einsatz notwendige Professionalität zu erreichen, müssen in der Ausbildung wieder in stärkerem Maße Disziplin und – im positiven Sinne – Drill Einzug halten. Mensch und Technik müssen eine professionelle Symbiose eingehen, die perfekt aufeinander abgestimmt ist.

Hier setzt dieses Rote Heft/Ausbildung kompakt »Notfalltraining für Atemschutzgeräteträger« an: Es verbindet in gelungener Weise psychologische, wie physische Aspekte des Atemschutzeinsatzes mit dem menschlichen Lernverhalten und bietet praktisch erprobte Methoden zur Aus- und Weiterbildung von Atemschutzgeräteträgern für den Atemschutznotfall an.

Das Rote Heft/Ausbildung kompakt »Notfalltraining für Atemschutzgeräteträger« schließt ganz offensichtlich eine Lücke in der Feuerwehrliteratur: Die 1. und 2. Auflage sind inzwischen vergriffen. Ich wünsche auch der nun vorliegenden 3. Auflage eine weite Verbreitung. Möge sie zu fruchtbringenden Diskussionen auf allen Ebenen anregen. Allen Atemschutzgeräteträgern wünsche ich eine gesunde Rückkehr von ihrer rettenden aber auch häufig gefahrvollen Mission.

Dr. Roland Goertz
Leitender Branddirektor
Branddirektion Karlsruhe

1 Einleitung

In der vergangenen Zeit kam es leider immer wieder zu tragischen Unfällen mit Atemschutzgeräteträgern. Ausgelöst durch diese Ereignisse, steht das Thema »Sicherheit im Atemschutzeinsatz« ganz oben auf der Tagesordnung der Feuerwehren.

Bei nüchterner Betrachtung zeigt sich jedoch, dass bei weitem nicht immer alle Problemfelder erkannt oder mit der notwendigen Tiefe behandelt werden. Es drängt sich der Verdacht auf, dass das Thema »Sicherheit im Atemschutzeinsatz« zu einer Art Modethema geworden ist und immer nur dann auf der Tagesordnung steht, wenn aktuell wieder etwas passiert ist.

Um derartigen Gefahrensituationen sicher begegnen zu können, ist es unter anderem dringend erforderlich mit klar definierten Handlungsstrategien und der erforderlichen Ausrüstung zu agieren. Dabei muss allen Beteiligten bewusst gemacht werden, dass der wesentliche Teil der notwendigen Vorbereitungen und Absprachen sowie eine intensive Aus- und Weiterbildung im Vorfeld geleistet werden muss.

Auch in der Feuerwehr-Dienstvorschrift (FwDV) 7 wird ein Notfalltraining für Atemschutzgeräteträger gefordert. Welche Inhalte bei einem solchen Training vermittelt werden sollten, ist jedoch nicht ausreichend definiert.

Das Rote Heft/Ausbildung kompakt »Notfalltraining für Atemschutzgeräteträger« soll dabei helfen, Ideen und Anregungen zu finden und zeigt mit den Trainingsvorschlägen konkrete Übungsmöglichkeiten auf. Aus Sicht der Autoren ist es erforderlich, das Thema »Notfalltraining für Atemschutzgeräteträger« in den ständig wiederkehrenden Aus- und Fortbildungsbetrieb zu integrieren, mit dem Ziel, die Sicherheit im Atemschutzeinsatz zu verbessern.

Notfalltraining soll aus guten Atemschutzgeräteträgern bessere machen.

Wertet man die Ereignisse der Vergangenheit aus, zeigt sich, dass Notfälle keine einfachen Situationen sind, in welche man sofort eingreifen kann, um den in Not Geratenen zu retten. Sondern es handelt sich oft um komplexe Szenarien, bei denen ein eingesetzter Sicherheitstrupp seinen Einsatzauftrag nur dann sicher ausführen kann, wenn er nach einem klaren Handlungsschema vorgeht und von außen durch entsprechende Maßnahmen unterstützt wird.

Zielgruppe für solche Trainingseinheiten sind demnach keinesfalls nur die Atemschutzgeräteträger allein. Bei einem Notfall eines Atemschutztrupps sind alle Einsatzkräfte gefordert, durch schnelles und strukturiertes Eingreifen die Lage zu bewältigen. Jeder muss seine Aufgaben kennen und beherrschen. Somit ist die gesamte Einsatzmannschaft der Feuerwehr gefordert, sich durch ein entsprechendes Training auf mögliche Notfälle und deren Bewältigung vorzubereiten. Ein besonderer Anspruch liegt hier bei den Führungskräften.

Bei der Auseinandersetzung mit dem Thema zeigt sich die Komplexität der zu berücksichtigenden Bereiche. Im Sinne einer erwachsenengerecht aufgebauten Aus- und Fortbildung ist es geboten, die Themen jeweils einzeln (Schulungsbausteine) zu behandeln und am Ende eines Durchlaufes miteinander zu kombinieren.

Bei einigen Themen, wie beispielsweise der Kommunikation, lohnt es sich auch abseits der eingefahrenen Wege Neues auszuprobieren. In dem vorliegenden Roten Heft sind die wesentlichen Aussagen blau hervorgehoben. Mit diesen Merkregeln kann der Themenkomplex auf das Wichtigste beschränkt und von allen Einsatzkräften der Feuerwehren auch tatsächlich in der Praxis umgesetzt werden.

Definition »Notfalltraining Atemschutz«:
Der Begriff »Notfalltraining« fasst die Gesamtheit aller Aus- und Fortbildungsmaßnahmen zusammen, die für eine sichere Bewältigung von Notfallsituationen im Atemschutzeinsatz erforderlich sind.

2 Körperliche Fitness

Körperliche Fitness ist eine der wesentlichen Ausgangsvoraussetzungen für eine Feuerwehreinsatzkraft, um den enormen physischen Belastungen im Einsatz Stand zu halten. Sie kann nicht durch gute Ausrüstung oder Ähnliches ersetzt werden.

Das ärztliche Attest über eine grundsätzliche Feuerwehrdiensttauglichkeit bzw. die Atemschutztauglichkeit G 26 bescheinigen nicht pauschal eine ausreichende Leistungsfähigkeit, sondern belegen nur die grundsätzlichen gesundheitlichen Voraussetzungen für diese Tätigkeiten. Insbesondere bei der Rettung eines verunfallten Atemschutzgeräteträgers (AGT) werden den Einsatzkräften Spitzenbelastungen abgefordert, die nur dauerhaft erfolgreich leisten kann, wer in ausreichendem Maße über eine gute körperliche Verfassung und Kondition verfügt.

Die Landesfeuerwehrschule Baden-Württemberg hat – nachdem sie ein mit Gas befeuertes Übungshaus in Betrieb genommen hatte – eine Studie in Auftrag gegeben. In dieser so genannten »STATT-Studie« sollte die physische Belastung von Atemschutzgeräteträgern bei einer Einsatzübung, unter Einwirkung von Wärme und beim Tragen der Persönlichen Schutzausrüstung, in einem Feuerwehrübungshaus ermittelt werden. Es zeigte sich dabei, dass das Herz-Kreislaufsystem der Feuerwehrangehörigen im Brandeinsatz so stark belastet ist, dass nur gut trainierte Feuerwehrangehörige diese Aufgabe ohne gesundheitliche Gefahren erfüllen konnten.

Nun stellt sich die Frage, was bedeutet »gut trainiert« für den einzelnen Atemschutzgeräteträger? Reicht es aus, 100 Meter unter 15 Sekunden laufen zu können oder braucht die Einsatzkraft die Langstreckenausdauer eines Langstreckenläufers? Das Deutsche Sportabzeichen ist aus Sicht der Autoren eine Messlatte für die Feststellung der persönlichen Fitness. Wer in Abhängigkeit der Vorgaben seiner Altersklasse die Anforderungen erfüllt, scheint grundsätzlich fit für die zu erwartenden Belastungen des Herz-Kreislaufsystems zu sein.

Bei Übungen im Bereich Notfalltraining wird zwar in der Regel auf die Zufuhr von Wärme verzichtet, dennoch sind bei Übungseinsätzen unter umluftunabhängigen Atemschutzgeräten erhebliche körperliche Belastungen und ein Anstieg der Körpertemperatur zu erwarten. Wer selbst schon ein Notfalltraining bzw. einen Notfalleinsatz durchgeführt hat, kann ermessen, welch physische und psychische Beanspruchung es darstellt, eine derartige Situation zu bewältigen. Und dies dürfte im Einsatzfall noch schwieriger sein, da weitere Belastungen und erheblicher Stress hinzukommen.

2.1 Empfehlungen der STATT-Studie

Im Folgenden werden einige wichtige Empfehlungen der STATT-Studie aufgeführt.

- Vorhaltung eines Automatisierten Externen Defibrillators (AED) und eine rettungsdienstliche Ausbildung von Einsatzkräften mit Unterweisung in die AED-Anwendung.
- Zur Vermeidung kritisch hoher Körpertemperaturen sollte die Übungszeit begrenzt werden. Bei Messungen im Rahmen der STATT-Studie waren bei Übungen bereits nach 21 Minuten kritisch hohe Körpertemperaturen erreicht.
- Nach dem Einsatz ist eine ausreichende Flüssigkeitszufuhr zu gewährleisten. 1400 ml Mineralwasser pro Einsatzkraft sollten mindestens eingeplant werden.
- Nach Übungen sollte eine Pausenzeit von 60 Minuten zur Erholung eingehalten werden.
- Die Übungsteilnehmer sollten an Übungstagen keinen gesundheitlichen Einschränkungen unterliegen (grippale Infekte o. Ä.).

2.2 Fit For Fire Fighting

Allein die Forderung aufzustellen, die Einsatzkräfte müssten über eine gute Ausdauer und Kondition verfügen, reicht nicht aus. Die Feuerwehren sind gefordert, durch entsprechende Angebote und

Aktionen die Erlangung bzw. die Aufrechterhaltung körperlicher Fitness anzubieten. Beispielhaft dafür steht die Initiative »Fit For Fire Fighting«.

Die Ergebnisse der STATT-Studie »Studie zur medizinischen Belastung von Atemschutzgeräteträgern« haben das Innenministerium Baden-Württemberg mit der Landesfeuerwehrschule, den Landesfeuerwehrverband Baden-Württemberg sowie die Unfallkasse Baden-Württemberg veranlasst, eine Aktion zur Verbesserung der körperlichen Fitness zu initiieren. Mit der Aktion »Fit For Fire Fighting« sollen Ausdauersport und gesundheitsbewusste Ernährung ins Bewusstsein der Feuerwehrangehörigen gerückt werden und zu einer Verhaltensänderung führen; nicht durch Anordnung, sondern aufgrund persönlicher Einsicht und aus »purem Eigeninteresse« (Brandhilfe 4/2005).

3 Stress im Atemschutzeinsatz

Das Thema »Stress« ist äußerst vielschichtig. Es kann hier nicht vollständig und umfassend behandelt werden. Jedoch ist Stress einer der Faktoren, der großen Einfluss auf die Leistungsfähigkeit der Einsatzkräfte und damit auch direkt auf den Einsatzverlauf haben kann.

Im Rahmen des Notfalltrainings für Atemschutzgeräteträger beschäftigen wir uns mit aufkommenden Stressfaktoren bei Einsatzsituationen im Atemschutzeinsatz und deren Bewältigung. Ziel dabei ist es, durch Vorbereitung und Training die AGT so zu qualifizieren, dass sich solche negativen Stresssituationen erst gar nicht entwickeln bzw. in ihrer Auswirkung nicht den betroffenen AGT beherrschen. Die AGT sollen in die Lage versetzt werden, durch ein entsprechendes Fehlertraining mit schwierigen Situationen adäquat umzugehen.

Stress (engl. Druck, Anspannung) bezeichnet durch äußere Reize (Stressoren) hervorgerufene psychische und physiologische Reaktionen beim Menschen. Negativer Stress verringert die Fähigkeit, Informationen aufzunehmen und verarbeiten zu können, dramatisch. Situationen werden nicht mehr richtig beurteilt, Aufgaben können nicht bewältigt oder korrekt erledigt werden. Extremer Stress kann bis zur völligen Aktions- und Reaktionsunfähigkeit führen.

Beispiel:

Ein AGT-Trupp geht zum Einsatz innerhalb eines Gebäudes vor. Bedingt durch die räumliche Enge im Innern des Gebäudes streift einer der AGT wiederholt mit dem Ventil seiner Atemluftflasche an der Wand entlang. Unbemerkt schließt sich dadurch das Flaschenventil. Plötzlich und völlig unvermittelt bekommt der betroffene AGT keine Luft mehr. In dieser Situation stellt sich nun die Frage (Interpretation) nach der Ursache für diese äußerst kritische Lage. Ohne die Kenntnis über den Grund der ausgefallenen Luftversorgung und eine Möglichkeit zur Beseitigung des Problems entsteht sofort erheblicher Stress, der zu Panik und Fehlverhalten führen kann. Zu erwarten ist, dass der AGT versucht schnellstmöglich ins Freie zu gelangen oder sich den Atemanschluss vom Gesicht reißt. Mit der Kenntnis über die möglichen Ursachen für die plötzlich fehlende Luftversorgung und einer Bewältigungsstrategie (überprüfen des Flaschenventils und aufdrehen) nimmt die gleiche Situation einen anderen Ausgang.

3.1 Stressoren, die auf Einsatzkräfte wirken können

Stressoren, die auf Atemschutzgeräteträger, aber auch auf alle anderen Einsatzkräfte wirken können, sind:
− unbekannte oder ständig wechselnde Situationen,
− Ungewissheit durch lückenhafte Einsatzmeldungen,
− Zeitdruck,
− Angst,

- große Verantwortung,
- Erschwerung des Einsatzes durch eingeschränkte Sichtverhältnisse.

3.2 Stressmodell nach Lazarus

Stress wird wesentlich von Bewertungsprozessen mitbestimmt, durch Interpretation einer Situation. Stress ist somit eine Interaktion zwischen einer Person und der Umwelt (siehe Bild 1).

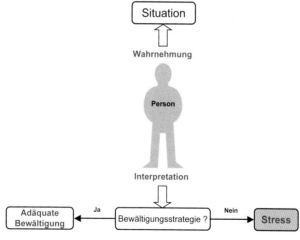

Bild 1: Stressmodell nach Lazarus (1974)

3.3 Stressverminderung durch problemorientiertes Handeln

Um Stress für die Einsatzkräfte zu vermindern, muss gezielt auf die vielen »kleinen« Stressoren eingegangen werden. Gerade auf unerfahrene AGT wirken sehr viele neue Eindrücke.

Wenn man davon ausgeht, dass eine Einsatzkraft unter dem Einfluss von Stress einen Großteil ihrer geistigen Leistungsfähigkeit einbüßt, dann leuchtet es auch ein, dass es bei Einsätzen immer wieder zu Fehlverhalten kommt. Objektiv betrachtet, in aller Ruhe nach dem Einsatz, würde keine Einsatzkraft in dieser Situation ebenso handeln. Es wurde nachgewiesen, dass Stress durch Einstellung und Erfahrung beeinflussbar ist.

Im Notfalltraining sollten deshalb auch Stressbewältigungstechniken vermittelt werden (adäquate Bewältigung). Gemeint ist damit, dass die Einsatzkraft für Problemsituationen bestimmte Handlungen erlernt, um für eine solche Situation eine adäquate Bewältigungsstrategie zur Hand zu haben (Fehlertraining).

3.4 Stressbewältigungstechniken

Folgende Punkte sollten zur Steigerung der Stressresistenz trainiert bzw. umgesetzt werden:
- durch gezielte Übungselemente die psychische Belastbarkeit erhöhen,

- für bekannte Problemsituationen Bewältigungsstrategien aufzeigen (Fehlertraining) – siehe Kapitel »Trainingsbausteine«,
- Einsätze durch standardisierte Einsatzregeln abarbeiten,
- strukturiertes Vorgehen an der Einsatzstelle,
- regelmäßige Technik- und Taktik-Schulungen,
- gute Kommunikation,
- Nachbereitung von Einsätzen.

3.5 Trainingsbaustein »Zugedrehtes Flaschenventil«

Das ungewollte Zudrehen des Flaschenventils, z. B. beim Entlangstreifen an einer Wand, beinhaltet eine kleine Ursache, kann aber große Auswirkungen für den AGT haben. Häufige Ursache dieses Phänomens ist, dass nach der Einsatzkurzprüfung das Flaschenventil nicht vollständig geöffnet wurde, oder dass die Einsatzkurzprüfung nur darin besteht, dass sich der AGT lediglich darüber vergewissert hatte, genügend Druck zu haben. Streift er dann mit dem Ventilrad eine Wand, kann dies ausreichen, um die Flasche zu schließen. Bei Flaschenventilen neuerer Generation wurde die Bauform verändert bzw. es wurde eine Sicherung eingebaut, die ein ungewolltes Schließen verhindert (Bild 2).

Merke:
Nach der Einsatzkurzprüfung muss das Flaschenventil wieder vollständig geöffnet werden.

Bild 2: Das Flaschenventil A hat noch die runde, problembehaftete Form. Durch eine Änderung der Bauform kann bei den Flaschenventilen B und C ein unbeabsichtigtes Zudrehen verhindert werden.

In diesem Trainingsmodul soll der AGT das Problem erkennen und eine mögliche Strategie entwickeln, um die Situation zu beherrschen. Absolut falsch wäre es, dem AGT während einer Übung unbemerkt die Flasche zuzudrehen. Dies führt zu unberechenbaren Reaktionen bis hin zur Traumatisierung.

Dennoch sollten die AGT in einer Übung die Erfahrung einer zugedrehten Atemluftflasche machen, während sie das Atemschutzgerät und den Atemanschluss angelegt haben. Dazu wird jedem AGT mit Vorankündigung die Flasche geschlossen oder dieser übernimmt das Schließen selbst. Der AGT erlebt so was passiert, wenn vom Pressluftatmer (PA) keine Luft mehr geliefert wird. Aus diesem Erlebnis soll der AGT zusammen mit den Ausbildern eine Bewältigungsstrategie entwickeln.

Vorrangig werden Maßnahmen erläutert, die ergriffen werden müssen und solche, die unbedingt unterlassen werden sollten.

Der Zeitansatz für die Durchführung der beschriebenen Maßnahmen sollte bei maximal 10 bis 15 Sekunden liegen.

Durch diesen Trainingsbaustein sollte besonders darauf hingewirkt werden, dass die AGT in derartigen Situationen nicht in Panik geraten und sich die Maske vom Gesicht reißen. Insbesondere das Herunterreißen der Maske in toxischer Atmosphäre hat ernsthafte Folgen für einen AGT.

4 Teamwork

Ein gutes Teamwork ist einer der maßgeblichen Faktoren für die erfolgreiche Bewältigung schwieriger Einsätze. Besonders in Notlagen muss gewährleistet sein, dass alle »Teamspieler« ihre Aufgaben kennen und können.

4.1 Teamwork im Notfalltraining

Bei der Bewältigung von Notsituationen kommen besonders dann gute Ergebnisse Zustande, wenn sich die Übungsteilnehmer untereinander kennen und schon mehrere Einsätze oder Übungen miteinander absolviert haben. In der Praxis stehen wir jedoch vor der Schwierigkeit, diese Voraussetzung nicht immer vorzufinden. Oftmals kennen sich nicht alle Beteiligten untereinander und wissen auch nicht, sich gegenseitig richtig einzuschätzen. Sie sind dennoch in der Pflicht, gemeinsam den Einsatz erfolgreich zu bewältigen.

4.2 Teampyramide

Im Sinne eines guten Teamworks an der Einsatzstelle sind drei Faktoren maßgeblich (Bild 3). Diese beeinflussen sich gegenseitig. Fehlt einer dieser drei Bestandteile, ist die Zusammenarbeit innerhalb der Gruppe nicht optimal. Sowohl Kommunikation als auch Vertrauen und Kooperation müssen gleichstark ausgeprägt ihre Anwendung finden. Das Zusammenspiel der drei Faktoren ist die Grundlage einer wirklichen Teamleistung.

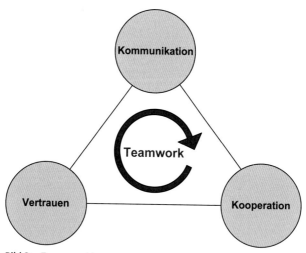

Bild 3: Teampyramide

Kommunikation:

Durch eindeutige Absprachen werden die Einsatzmaßnahmen koordiniert. Jeder hat eine bestimmte, klar definierte Aufgabe zu erledigen.

Vertrauen:

Vertrauen in das Können der Einsatzkräfte. Kennen der Stärken der Gemeinschaft. Niemand ist auf sich allein gestellt, sondern kann sich der Hilfe der anderen sicher sein.

Kooperation:

Die Gruppe gibt ihr Bestmögliches. Alle verfolgen dasselbe Ziel und arbeiten miteinander.

Durch einen Notfall ändert sich für alle Einsatzkräfte von einer Sekunde zur anderen schlagartig die Lage. Jetzt ist nicht ausschließlich der Sicherheitstrupp gefragt, den in Not geratenen Trupp zu retten, sondern das sinnvolle Zusammenspiel aller Einsatzkräfte ist erforderlich, um den Notfall zu bewältigen. Damit ist nicht gemeint, dass alle ihre Tätigkeit beim Eintreffen der Notfallmeldung beenden, sondern jeder entsprechend seiner Aufgabe und Funktion die notwendigen Maßnahmen ergreift. Dies kann auch eine Fortführung der Tätigkeit bedeuten. Hier sind die Führungskräfte besonders in der Pflicht, durch klare und eindeutige Befehlsgebung die Rettungsmaßnahmen zu leiten.

Wenn alle spontan versuchen den Trupp im Innern eines Gebäudes zu retten, bricht unübersichtliches Chaos aus. Die Erfolgsaussichten, diese Situation wieder in den Griff zu bekommen, sind äußerst gering. Im Gegenteil, Alleingänge und undiszipliniertes Verhalten gefährden die Rettung des verunfallten Trupps erheblich.

Merke:

Bei einem Atemschutznotfall ist es von größter Bedeutung, dass alle Rettungskräfte klare Ziele verfolgen und die Zusammenarbeit reibungslos funktioniert. Einzelkämpfer sind in solchen Ausnahmesituationen nicht zu gebrauchen.

4.3 Konsequenzen

– Alle Einsatzkräfte sollten auf einem möglichst hohen Ausbildungsstand aus- und fortgebildet werden.
– Es sollte ohne weiteres möglich sein, Teams mit unterschiedlicher Besetzung zusammenzustellen und trotzdem eine konstant gute Arbeitsqualität zu erreichen.
– Jeder im Team muss seine Aufgaben kennen und können.

5 Kommunikation

Bei Einsätzen ist eine effiziente Kommunikation besonders wichtig. Oftmals gleicht der Einsatzstellenfunk jedoch einem babylonischen Stimmengewirr, bei dem es fraglich ist, ob eine eventuelle Notfallmeldung überhaupt seinen Empfänger erreichen würde. Darum ist es erforderlich, dass sich die Einsatzkräfte standardmäßig abstimmen. Sie müssen lernen, vorhandene Informationen aufzubereiten und weiterzugeben. Es muss klar sein, wer mit wem spricht und wann überhaupt eine Kommunikation stattfindet (Bild 4).

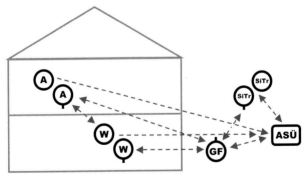

Bild 4: In dieser Grafik sind die einzelnen Kommunikationswege dargestellt. Selbst bei kleineren Lagen fällt eine Vielzahl von Funkgesprächen an. Um die Kommunikationswege für Notfallmeldungen frei zu halten, sind alle Einsatzkräfte angehalten, nur die wirklich nötigen Meldungen abzugeben.

Aber auch die Verständigung ohne Handsprechfunkgerät lässt oftmals zu wünschen übrig. Besonders im Atemschutzeinsatz ist es wichtig, dass die AGT eine einheitliche Sprache gebrauchen. Dabei benutzte, vorher festgelegte Begriffe sind eindeutig und lassen keinen Interpretationsspielraum zu. Ein gutes Informationsmanagement an der Einsatzstelle hilft allen und kann mit einfachen Mitteln betrieben werden.

5.1 Verständigungsprobleme

Um Verständigungsprobleme zu vermeiden, müssen im Vorfeld klare Absprachen getroffen werden. Fachbegriffe, vor allem Bezeichnungen der Ausrüstung, müssen allen AGT bekannt und geläufig sein. Werden die gleichen Begriffe verwendet und wird auf Abkürzungen verzichtet, verringert sich das Risiko eines Missverständnisses und Nachfragen erübrigen sich.

5.2 Kommunikationsaufkommen

Wenn an großen Einsatzstellen viele Einsatzkräfte eingesetzt werden, kommt es häufig zu Problemen mit den Funkverkehrskreisen. Diese sind dann oft überlastet mit Informationen, die primär nicht für den erfolgreichen Einsatzablauf erforderlich sind. Dramatisch wird es dann, wenn deswegen wichtige Informationen nicht übermittelt werden können – z.B. eine Notfallmeldung.

Jede am Einsatzort befindliche Einsatzkraft muss wissen, wann Kommunikation erforderlich ist.

Kommunikation (Funk) im Atemschutzeinsatz nur dann, wenn

– ein **Einsatzauftrag** vergeben oder übernommen wird,
– Informationen für die **Atemschutzüberwachung** (siehe Kapitel 6) übermittelt werden müssen,
– ein **Einsatzziel** erreicht wird,
– eine **Lageänderung** eintritt,
– ein **Notfall** eintritt,
– die AGT die Einsatzstelle verlassen **(Abmelden)**,
– wesentliche Informationen weitergegeben werden müssen.

Um ein konsequentes Umsetzen der Kommunikationsregeln einzuhalten, wird ein hohes Maß an **Selbstdisziplin** vorausgesetzt.

Merke:
Jede Mitteilung über Funk sollte so kurz wie möglich und so umfassend wie nötig verfasst werden. Vor jeder Mitteilung sollte überprüft werden, ob diese überhaupt notwendig ist.

5.3 Informationsmanagement

Bei Einsätzen kann oftmals festgestellt werden, dass die eingesetzten Kräfte unterschiedlich gut informiert sind. Besonders bei Einsatzlagen, die eine große räumliche Ausdehnung haben oder über mehrere Zugangsmöglichkeiten verfügen, muss eine Möglichkeit geschaffen werden, die bereits vorhandenen Informationen möglichst an alle Einsatzkräfte weiterzugeben.

Eine Möglichkeit besteht darin, für die AGT einen Übergabepunkt einzurichten. Kräfte, die schon im Einsatz waren, kommen zum Übergabepunkt und geben dort den Führungskräften und nachfolgenden AGT wichtige Hinweise zum Einsatzobjekt oder der Lage (Bild 5). Am Übergabepunkt wird beispielsweise eine Lageskizze oder der Grundriss des Einsatzobjektes geführt.

Bild 5: Am Übergabepunkt werden wichtige Informationen gesammelt. Hier können sich die Einsatzkräfte über die Lage informieren.

Es genügt, den Übergabepunkt mit einfachen Mitteln zu führen. Das Verwenden von Flipchartpapier und/oder das Bemalen einer Wand mit Kreide ist ausreichend und erfüllt den Zweck.

5.4 Funkkonzept

Auch das Funkkonzept ist ein wichtiger Teilbereich des Informationsmanagements. Mit einem Funkkonzept sollen Kanalressourcen für die vorgehenden Trupps geschaffen werden. Die Kanaltrennung ist dabei einer der Schlüssel zum Erfolg. Als Anhaltspunkt für die Anzahl der Teilnehmer sollte gelten: Je größer das Risiko, desto kleiner die Gruppe. Dafür ist eine sorgfältige Planung und Überwachung der Kommunikationsstrukturen erforderlich. Das alleinige Fordern von Funkdisziplin reicht nicht aus, sondern es müssen entsprechende Ressourcen vorhanden sein, um die Kommunikation an der Einsatzstelle zu entzerren.

Beim Funkkonzept muss auch die ständige Verbindung der Trupps zu ihren Einheitsführern berücksichtigt werden. An der Einsatzstelle muss die Kommunikation von außen nach innen und von innen nach außen stets sichergestellt sein. Dafür sind im Vorfeld technische und organisatorische Maßnahmen zu treffen. Alle Atemschutztrupps müssen ausnahmslos mit einem Handsprechfunkgerät ausgestattet sein.

Merke:

Bei der Kanaltrennung gilt der Grundsatz: Je größer das Risiko, desto kleiner die Gruppe, die auf dem gleichen Kanal miteinander kommuniziert.

5.5 Die qualifizierte Notfallmeldung

Notfallstichwort: **MAYDAY – MAYDAY – MAYDAY**

Verunfallter Trupp: \<Funkrufname\>

\<Standort\>

\<Lagemeldung\>

MAYDAY kommen

Die MAYDAY-Meldung wird so oft wiederholt, bis der rufende Trupp eine Antwort bekommt.

Wenn das Notfallstichwort MAYDAY fällt, ist jeglicher Funkverkehr unverzüglich einzustellen!

Der Funkrufname muss unmissverständlich zugeordnet werden können (keine Eigennamen o. Ä. verwenden). Standort und Lagemeldung müssen ruhig, überlegt und deutlich abgegeben werden. Dies sind die ersten Anhaltspunkte, die dem Sicherheitstrupp zur Verfügung stehen. An diesen Anhaltspunkten wird der Sicherheitstrupp seine Suchtaktik ausrichten.

Es besteht die Gefahr, dass eine Notfallmeldung ins »Leere« läuft, wenn notwendige Voraussetzungen (Strukturen, Einsatzstellenorganisation, Aufgabenverteilung, Bereitstellung des Sicherheitstrupps etc.) im Einsatzablauf nicht erfolgt sind.

5.6 Trainingsbaustein »Kommunikation«

Ziel dieser Übung ist es, die Einsatzstellenkommunikation unter Atemschutz zu verbessern.

Zu Beginn werden die Übungsteilnehmer in zwei Gruppen aufgeteilt. Jede Gruppe bekommt eine Kiste mit Steckbausteinen zugeteilt. Beide Gruppen haben exakt die gleichen Bausteine in Anzahl, Größe und Farbe zur Verfügung. Eine Gruppe beginnt mit dem Bau eines möglichst schwierigen Gebildes. Anschließend hat die andere Gruppe die Aufgabe, nach Vorgaben, die über Funk übermittelt werden, das Gebilde nachzubauen (Bild 6). Zur Steigerung des Schwierigkeitsgrades kann diese Übung auch mit aufgesetztem Atemschutzgerät durchgeführt werden.

Hintergrund: Diese Übung hat zwar keinen unmittelbaren Bezug zu dem bei Feuerwehreinsätzen durchgeführten Funkverkehr. Aber durch den regen Austausch von Informationen ist es möglich, verschiedene Varianten auszuprobieren, beispielsweise wo das Mikrofon des Handsprechfunkgerätes platziert werden soll, um die besten Ergebnisse zu erzielen.

Es müssen genaue Angaben gemacht werden, wie die einzelnen Steine verbaut werden sollen, damit am Ende das bereits vorgegebene Gebilde entsteht. So wird die Ausdrucksweise geschult und gleichzeitig auch das langsame und deutliche Sprechen.

Bild 6: Die Teilnehmer setzen die vorhandenen Steckbausteine entsprechend den Anweisungen über Funk zusammen.

5.7 Trainingsbaustein »Informationsmanagement«

Aufbauend auf dem Trainingsmodul »Kommunikation« ist hier das Ziel, eine weitere Verbesserung der Informationsweitergabe zu erreichen. Gleichzeitig sollen die gewonnenen Informationen aufbereitet und mit einer Lageskizze visualisiert werden. Die Kommunikation zwischen den Gruppen erfolgt ausschließlich über Funk.

Die Teilnehmer werden in zwei Gruppen mit jeweils einem Funkgerät aufgeteilt.

1. Gruppe (Atemschutzgeräteträger):
Die 1. Gruppe geht in einen Raum vor. Dort müssen Gegenstände gesucht bzw. der Raum erkundet werden. Die Gruppe gibt die entsprechenden Rückmeldungen über Funk.

2. Gruppe (Führungskräfte):
Die 2. Gruppe befindet sich außerhalb des Raumes und hat die Aufgabe, auf Basis der Informationen der 1. Gruppe eine Lageskizze anzufertigen, auf der möglichst nur die relevanten Informationen dargestellt sind. Es können Fragen an die 1. Gruppe gestellt werden.

Der Schwierigkeitsgrad ist abhängig von:
– der Komplexität und der Größe des Raumes,
– der Begrenzung der Anzahl der möglichen Nachfragen,
– den Störgeräuschen im Funkverkehr sowie
– einer Reduzierung der Zeit.

Die Darstellung innerhalb des zu durchsuchenden Bereiches muss sorgfältig vorbereitet werden, beispielsweise durch Hinweisschilder, die auf eine starke Verrauchung hinweisen. Im Anschluss an die Übung sind die Erfahrungen und Ergebnisse ausführlich zu besprechen. Alle Übungsteilnehmer schauen sich gemeinsam die Räumlichkeiten an. Es besteht auch die Möglichkeit, die Gruppenteilnehmer auszutauschen.

6 Atemschutzüberwachung

Zum Notfalltraining gehört auch die Atemschutzüberwachung (ASÜ). Eine gut organisierte Atemschutzüberwachung trägt dazu bei, dass eventuelle Notfälle schnell erkannt und zeitnah Maßnahmen zur Rettung eingeleitet werden können.

In der FwDV 7 »Atemschutz« wird für jeden Einsatz mit Isoliergeräten eine Atemschutzüberwachung gefordert. Diese ist somit ein integraler Bestandteil eines jeden Atemschutzeinsatzes.

An die Feuerwehrangehörigen soll das Bewusstsein für die korrekte Durchführung der Atemschutzüberwachung unter Beachtung aller sicherheitsrelevanter Maßnahmen und Kontrollen herangetragen werden. Keinesfalls darf bei den AGT der Eindruck entstehen, dass sie von außen vollständig überwacht werden und sich nicht mehr um ihre Sicherheit kümmern müssen.

Bei den Feuerwehren sind verschiedenste technische Hilfsmittel im Einsatz, welche die Überwachung erleichtern sollen. Als Mindestausrüstung genügt jedoch Papier, Schreibzeug und eine Uhr, um die Atemschutzüberwachung durchzuführen. Grundsätzlich sollten aber geeignete Hilfsmittel angeschafft werden. Arbeitshilfen, wie beispielsweise tabellarische Auflistungen und Formulare, entlasten den Überwacher. Entscheidend für die Qualität der Atemschutzüberwachung ist nicht die Art der technischen Umsetzung, sondern die Einhaltung der entscheidenden Überwachungskriterien.

Merke:
Die Feuerwehren müssen sicherstellen, dass eine wirksame Atemschutzüberwachung durchgeführt wird und dass dafür geeignete Hilfsmittel zur Verfügung stehen.

6.1 Notwendigkeiten einer Atemschutz- überwachung

Bei einem Brand herrschen extrem lebensfeindliche Bedingungen. Die Einsatzkräfte sind dadurch ständig Gefahren ausgesetzt, die zu einem erhöhten Unfallrisiko führen. Die AGT erreichen bei intensiven Einsätzen oft ihre physischen und psychischen Grenzen. In diesen Stresssituationen fällt es auch erfahrenen Feuerwehrangehörigen sehr schwer, die Zeit zu beurteilen. Die Fähigkeit, die Dauer eines Vorgangs abzuschätzen, geht dann verloren, wobei subjektive Eindrücke der Verlaufsdauer entstehen.

Gerade bei der relativ kurzen Einsatzzeit eines Pressluftatmers ist es sehr gefährlich, wenn man die zeitlichen Abläufe verzerrt wahrnimmt. Hinzu kommt oftmals noch eine Sichtbehinderung durch den Brandrauch, der die Orientierung erschwert.

6.2 Verantwortlichkeiten bei der Atemschutzüberwachung

Die Atemschutzüberwachung ist eine Hilfestellung, welche die AGT bei ihrer Arbeit unterstützt. Keineswegs aber entbindet sie den AGT von seiner Eigenverantwortung.

Merke:
Dem AGT muss klar sein, dass die Atemschutzüberwachung nur eine Unterstützung der unter Atemschutz vorgehenden Trupps ist, den einzelnen AGT aber nicht von seiner Verantwortung entbindet. Der AGT muss vor allem seinen Luftverbrauch selbst kontrollieren und überwachen.

6.3 Anforderungen an den »Überwacher«

Grundsätzlich ist der jeweilige Einheitsführer für die Atemschutzüberwachung verantwortlich. Der Einheitsführer kann die Aufgabe der Atemschutzüberwachung z. B. an den Maschinisten übertragen (Bild 7). Der »Überwacher« muss

– die Regeln der Atemschutzüberwachung kennen,
– selbst ausgebildeter AGT sein,
– mit der jeweils vorhandenen Technik vertraut sein,
– verantwortungsbewusst und zuverlässig sein.

Bild 7: Die Atemschutzüberwachung kann z. B. vom Maschinisten übernommen werden. Dabei ist jedoch zu beachten, dass Meldungen an die Atemschutzüberwachung über den verantwortlichen Einheitsführer abzuwickeln sind.

6.4 Überwachungskriterien

Bei der Atemschutzüberwachung sind folgende Kriterien zu beachten:
– Name der AGT und der Funkrufname des Trupps,
– Einsatzort (Hier ist wichtig, durch welchen Zugang der Trupp ins Objekt eindringt und wohin er sich bewegt – Einsatzziel/ Einsatzaufgabe),

- die Art der eingesetzten Atemschutzgeräte,
- Anschlusszeit des Lungenautomaten (Echtzeit),
- die Zeit, die seit dem Anschluss des Lungenautomaten vergangen ist,
- die noch verbleibende Einsatzzeit (entsprechend dem voraus berechneten Luftverbrauch),
- der Gerätedruck beim Anschluss des Lungenautomaten,
- Druckabfrage nach 1/3 und 2/3 der zu erwartenden Einsatzzeit,
- die Zeit und die Druckangabe, wenn der Einsatztrupp sein Einsatzziel bzw. seine Einsatztätigkeit erreicht hat. (Hier wird auf der Grundlage des Prinzips der doppelten Atemluftmenge des Hinwegs der Druck festgelegt, bei dem der Trupp spätestens seinen Rückmarsch antreten muss.)

Merke:
Die Atemschutztrupps müssen jeden bedeutsamen Standortwechsel, jede Lageänderung und ihre jeweilige Tätigkeit dem Einheitsführer melden. Erfolgen keine Meldungen, muss der Einheitsführer regelmäßig nachfragen.

6.5 Einsatzgrundsätze für die Atemschutzüberwachung

Bei der Atemschutzüberwachung sind folgende Einsatzgrundsätze zu beachten:

- Registrierung der AGT-Trupps vor Einsatzbeginn, um die Überwachung zu ermöglichen,
- regelmäßige Druckkontrollen,
- Funkaufkommen gering halten, nach dem Grundsatz des Sprechfunkverkehrs (so kurz wie möglich aber so umfassend wie nötig!),
- die AGT sind gefordert, die wichtigsten Informationen eigenständig, ohne Aufforderung an die Atemschutzüberwachung zu übermitteln,
- Nachrichten eindeutig formulieren,
- wichtige Informationen sind schriftlich festzuhalten (dient einem besseren Überblick),
- eindeutige Funkrufnamen verwenden,
- die voraussichtliche Einsatzzeit ist nur eine Hilfestellung für den Überwacher, der Druckluftvorrat des Atemschutzgerätes bestimmt die tatsächliche Einsatzzeit,
- starke körperliche Belastung führt zu einem Anstieg des Luftverbrauchs, dieser Umstand muss berücksichtigt werden,
- ständige Kenntnis über den Aufenthaltsort des Trupps ist von entscheidender Bedeutung, um im Notfall schnell zu verunfallten AGT zu gelangen.

Merke:
Besonders bei der Atemschutzüberwachung ist darauf zu achten, dass der korrekte Funkrufname verwendet wird. Eigennamen, Abkürzungen usw. können zu Irritationen führen, die eine sichere Überwachung gefährden.

6.6 Fehlerquellen bei der Atemschutzüberwachung

Fehlerquelle	Erkennen	Abhilfe/Ausschalten der Fehlerquelle
Atemschutztrupp entgeht der Überwachung	– der Atemschutztrupp hat noch seine Atemschutzplakette am Gerät oder an der Einsatzkleidung – an der Überwachungstafel wurden keine oder zu wenig Atemschutzplaketten abgegeben	– Atemschutzplaketten (geräte- oder personenbezogen) vor dem Einsatz bei der ASÜ abgeben – bei jeder/m Übung/Einsatz grundsätzlich ASÜ durchführen – die einzelnen Abläufe der ASÜ müssen einem Automatismus gleichen
Kommunikationsprobleme	– seit einigen Minuten keinen Funkkontakt mit den eingesetzten Kräften – die bauliche Struktur von Objekten beachten (Stahlbetonbauweise)	– vor dem Einsatz FuG überprüfen, d. h. Sichtprüfung mit Sprechprobe – bei der Abgabe von Rückmeldungen auf das Wesentliche konzentrieren – »Relaisstellen« einbauen, z. B. durch den Sicherheitstrupp – kein Atemschutzeinsatz ohne FuG
Fehlbedienung und Leichtsinn	– keine oder unvollständige Rückmeldungen der im Einsatz befindlichen Trupps	– die für die Atemschutzüberwachung wichtigsten Meldungen müssen erfolgen, da sonst keine Überwachung möglich ist – regelmäßige Druckkontrollen durchführen – überlegt vorgehen und keine unnötigen Risiken eingehen

Fehlerquelle	Erkennen	Abhilfe/Ausschalten der Fehlerquelle
		– jedem AGT die Bedeutung der Atemschutzüberwachung klarmachen und bei der Aus- und Fortbildung immer wiederkehrend ASÜ als Thema ansetzen
Technikprobleme	– Ausfall einer Überwachungstafel oder anderer zur Überwachung eingesetzter Ausrüstungsgegenstände	– Reserve-Überwachungstafeln bereithalten – notfalls reicht auch ein Vordruck mit den wichtigsten Daten der ASÜ und eine Funkuhr mit Stopp-Funktion aus

6.7 Nach dem Atemschutzeinsatz

Um unnötige Hektik an der Einsatzstelle zu verhindern, ist es unbedingt notwendig, dass Trupps, die die Einsatzstelle verlassen, sich bei der Atemschutzüberwachung abmelden.

Merke:
Das Abmelden bei der Atemschutzüberwachung nach dem Einsatz hat den gleichen Stellenwert wie die Registrierung zu Beginn des Einsatzes.

6.8 Der Vorgang der Atemschutzüberwachung

Der Vorgang der Atemschutzüberwachung ist im Bild 8 ersichtlich.

6.9 Trainingsbaustein »Atemschutzüberwachung«

Dieser Baustein bietet die Möglichkeit, Atemschutzüberwachung unter Einsatzbedingungen realitätsnah zu trainieren. Das Ablaufschema »Der Vorgang der Atemschutzüberwachung« zeigt mögliche Verläufe einer Atemschutzüberwachung auf.

Theoretische Grundlagen der Atemschutzüberwachung
– Erläuterungen zu den technischen Hilfsmitteln für die Atemschutzüberwachung (Überwachungstafeln usw.),
– Hinweise auf die Verantwortlichkeiten im Atemschutzeinsatz,
– Betrachtung der Notwendigkeit der kontinuierlichen Abfrage und Führung der notwendigen Daten,
– Vorgehensweise bei der Abfrage und Überwachung der einzelnen Atemschutztrupps,
– Fehlerquellen bestimmen und Gegenmaßnahmen treffen.

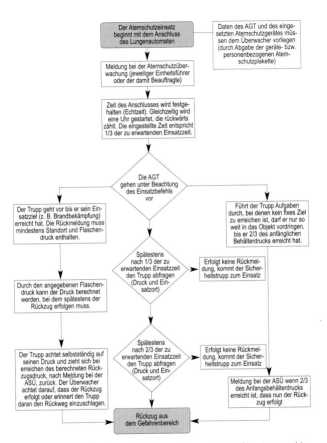

Bild 8: Vorgang der Atemschutzüberwachung. Die Grafik zeigt verschiedene Wege, wie ein Atemschutzeinsatz ablaufen kann.

Unterweisung in der Bedienung des Überwachungsmittels

Folgende Inhalte sollen vermittelt werden:

– Anzeigeflächen,
– Ablesemöglichkeiten,
– Bedienung der einzelnen Elemente (Stoppuhr/Timer),
– Bedeutung der Registrierungskarten,
– Dokumentationsmöglichkeiten.

Praktische Übung einer künstlichen Einsatzsituation

– Umsetzung des Wissens in einer praktischen Übungssituation,
– Führen der Daten auf den jeweiligen Mitteln der Atemschutzüberwachung durch Abhören einer Audio-CD mit nachgespiel-
  tem Funkverkehr.

Zusammenfassung der Ausbildung und Nachbearbeitung

– Beschreibung der empfundenen Situation,
– Aufzeigen von Schwachpunkten und Verbesserungen.

Entwicklung einer Audio-CD mit einer simulierten Einsatzsituation

Das Üben der Atemschutzüberwachung gestaltet sich für die AGT
als sehr schwierig. Da oftmals der Maschinist eines Löschgruppen-
fahrzeugs oder der Gruppenführer die Atemschutzüberwachung
durchführen, hat die Mehrzahl der AGT keine Erfahrung mit der
Atemschutzüberwachung. Es ist jedoch sehr hilfreich, wenn jeder
AGT die Atemschutzüberwachung selbst durchführen kann. Der
AGT erkennt dadurch Probleme, die sich bei der Überwachung
ergeben, wenn beispielsweise nur lückenhafte Rückmeldungen
den Überwacher erreichen.

Eine umfassende Ausbildung der AGT in der Atemschutzüberwachung ist nur schwer möglich, da sie lediglich bei Einsätzen oder Einsatzübungen trainiert werden kann, dann aber auch nur mit einem kleinen Teil der AGT. Um alle Atemschutzgeräteträger im Bereich der Atemschutzüberwachung auszubilden, wird auf eine Audio-CD mit Einsatzstellenfunk zurückgegriffen.

Praktische Übungen mit der Audio-CD

Der Grundgedanke der CD ist die Abwicklung der Atemschutzüberwachung entlang eines gedachten Einsatzverlaufs durch Mithören des Einsatzstellenfunks. Der Übende sollte hierbei mehrere Atemschutztrupps überwachen. Wie in einem Realeinsatz auch, empfängt der Überwacher aber nicht nur Funksprüche, die für die Überwachung relevant sind, sondern auch den sonstigen Einsatzstellenfunkverkehr.

Durchführung der Übung

Der Übende tritt in die Rolle des Atemschutzüberwachers. Durch Mithören des Einsatzstellenfunks soll eine korrekte Atemschutzüberwachung durchgeführt werden. Die Aufgabe wird erschwert, indem dem Überwacher zusätzliche Arbeiten zugeteilt oder laute Nebengeräusche eingespielt werden.

Vorteile der Übungs-CD:

- Es können gleichzeitig mehrere AGT üben.
- Mit relativ wenig Aufwand kann schnell eine große Anzahl von AGT in die Atemschutzüberwachung eingeführt werden.
- Die Ausbildung ist nicht ortsgebunden, möglich ist auch eine Ausbildung im Unterrichtsraum oder in der Fahrzeughalle.

7 Der Sicherheitstrupp

7.1 Definition nach FwDV 7

»Der Sicherheitstrupp ist ein mit Atemschutzgeräten ausgerüsteter Trupp, dessen Aufgabe es ist, bereits eingesetzten Atemschutztrupps im Notfall unverzüglich Hilfe zu leisten. Sicherheitstrupps können auch mit zusätzlichen Aufgaben betraut werden, solange sie in der Lage sind, jederzeit ihrer eigentlichen Aufgabe gerecht zu werden und der Einsatzerfolg dadurch nicht gefährdet ist.«

Die Definition macht deutlich, dass der Sicherheitstrupp (SiTr) einen sehr hohen Stellenwert innerhalb eines Atemschutzeinsatzes hat. Seine Aufgabe ist es, einem verunglückten AGT oder Trupp schnell und gezielt Hilfe zu leisten. Um diese Leistung zu erbringen, muss der Sicherheitstrupp besonders ausgerüstet und ausgebildet sein. Grundsätzlich sind alle AGT als SiTr einsetzbar, daher müssen sie auf diese Aufgabe vorbereitet werden.

7.2 Anspruch und Voraussetzungen

Der Sicherheitstrupp muss auch in Extremsituationen einen verunfallten AGT oder Trupp auffinden, versorgen und in Sicherheit bringen können. Dies ist eine der schwierigsten Herausforderungen im Atemschutzeinsatz der Feuerwehr.

Prinzipiell muss jeder ausgebildete AGT auch als Sicherheitstrupp eingesetzt werden können. In diesem Zusammenhang ist eine weiterführende Qualifikation durch ein Notfalltraining für Atemschutzgeräteträger dringend geboten. Die geringe Stundenanzahl, die für die Ausbildung zum Atemschutzgeräteträger zur Verfügung steht, reicht nicht aus, um die Einsatzkräfte auf Notfälle vorzubereiten. Hier wird allenfalls Grundlagenwissen vermittelt.

Das Notfalltraining bereitet die AGT auf Fehlersituationen vor und zeigt konkrete Handlungsstrategien zur Bewältigung auf.

7.3 Ausrüstung des Sicherheitstrupps

Die Ausrüstung des Sicherheitstrupps orientiert sich an den möglichen Aufgabenstellungen. Es besteht die Notwendigkeit, die Ausrüstungsgegenstände auf das Wesentliche zu reduzieren, um die AGT nicht noch weiter zu belasten. Trotzdem benötigt der Sicherheitstrupp zusätzliche Ausrüstungsgegenstände für seine Aufgaben. Um einen zeitnahen Einsatz des SiTr zu gewährleisten, ist es sinnvoll, wenn eine komplette Ausrüstungseinheit an der Einsatzstelle vom Fahrzeug entnommen werden kann. Ein Komplettieren vor Ort ist in der Praxis zu zeitaufwendig und wenig praktikabel.

Die **Mindestausrüstung** des Sicherheitstrupps umfasst:
- 1 zusätzlicher Pressluftatmer und Atemanschluss,
- 1 Rettungstuch,
- 1 Leine zur Rückzugssicherung (Länge 100 Meter),
- 1 Endlosschlinge,
- 2 Karabinerhaken,
- Rettungsmesser oder Rettungsschere,
- Totmannwarner,
- Wachskreide zur Kennzeichnung von Räumen,
- Brechwerkzeug (z. B. Feuerwehraxt).

Wünschenswerte **Zusatzausrüstungsgegenstände**:
- Wärmebildkamera,
- Geräteträgerverbindungsleine (Länge 5 Meter),
- Rettungsmulde,
- Rettungstasche o. Ä.

Alle Varianten haben eine Gemeinsamkeit, es wird immer ein Pressluftatmer und ein Atemanschluss mitgeführt. Die Rettungstasche hat allerdings den Nachteil, dass sie nicht zum Transport des Verunfallten eingesetzt werden kann. Eine kostengünstige Verwirklichung ist mittels Rettungstuch möglich. Mit dem Rettungstuch kann eine Tasche hergestellt werden, in der die Ausrüstungsgegenstände verpackt werden können. Nachfolgend wird diese Variante als **Rettungsset** bezeichnet.

Merke:
Die notwendigen Mindestausrüstungsgegenstände sind auch bei einer kleinen Feuerwehr vorhanden. Durch intensive Ausbildung ist es möglich, auch ohne eine kostspielige Zusatzausstattung gute Ergebnisse zu erzielen und bei einem Notfall adäquat zu helfen.

7.4 Packanleitung Rettungsset

Um das Rettungsset zu packen, müssen die nachfolgenden Ausrüstungsgegenstände vorhanden sein:
– Rettungstuch,
– Pressluftatmer,
– Atemanschluss,
– Endlosschlinge.

Packanleitung in vier Schritten:

Schritt 1:
Bevor das Rettungsset gepackt wird, muss am Atemschutzgerät eine Einsatzkurzprüfung durchgeführt werden. Danach wird der Atemanschluss am Lungenautomat angeschlossen. Wichtig: Das Flaschenventil bleibt geschlossen.

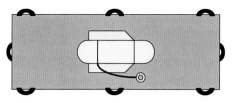

Bild 9: Die Bebänderung des Atemschutzgerätes wird so ausgebreitet, dass die Tragschale stabil auf dem Rettungstuch liegt.

Schritt 2:

Das Rettungstuch wird vollständig ausgelegt. Die Bebänderung des Atemschutzgerätes wird ausgebreitet, sodass die Tragschale stabil auf dem Rettungstuch liegen kann. Der Atemanschluss wird seitlich an den Pressluftatmer gelegt (Bild 9).

Schritt 3:

Nun wird die linke untere Ecke des Rettungstuchs auf die andere Seite geklappt. Das gleiche wird mit der linken oberen Ecke gemacht. Somit entsteht eine Tasche in Form eines Dreiecks, in die der Pressluftatmer eingeschoben wird. Die seitlichen Tragegriffe der linken Seite liegen jetzt direkt über den mittleren Tragegriffen. In der Mitte des Rettungstuches liegen somit jeweils zwei Tragegriffe übereinander (Bild 10).

Schritt 4:

Die Ecken der rechten Seite des Rettungstuchs werden auf die gleiche Weise zu einem Dreieck gefaltet. Auf der rechten Seite entsteht somit die gleiche Tasche, in der das Atemschutzgerät verstaut werden kann. In der Mitte des Rettungstuches liegen jetzt auf beiden Seiten jeweils drei Tragegriffe übereinander. Damit sich

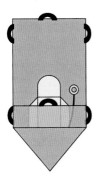

Bild 10: Wichtig ist, dass der Pressluftatmer in die entstandene Tasche eingeschoben wird und in der Mitte des Rettungstuchs auf beiden Seiten zwei Tragegriffe übereinander liegen.

das Rettungsset nicht öffnet, werden alle Tragegriffe mit einer Bandschlinge durchschleift. So entsteht ein robustes Bündel, das getragen aber auch gezogen werden kann (Bild 11).

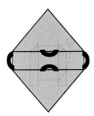

Bild 11: Das Durchschleifen der Tragegriffe mit der Bandschlinge verhindert ein versehentliches Öffnen des Rettungssets. Die Bandschlinge kann als Tragegriff benutzt werden, oder es besteht die Möglichkeit das Rettungsset zu ziehen.

7.5 Einsatzgrundsätze Sicherheitstrupp

– Der Sicherheitstrupp verwendet stets eine **eigene Rückzugs-sicherung**.
– Sofern der Sicherheitstrupp bei seinem Vorgehen eine Schlauchleitung mitführen soll, muss dafür ein Anschluss am Verteiler permanent freigehalten werden.
– Die Rückzugssicherung muss außerhalb des Gebäudes befestigt werden, da die Gefahr einer weiteren Rauchausbreitung berücksichtigt werden muss.
– Der Sicherheitstrupp muss bei der Atemschutzüberwachung registriert werden.
– Bei Einsatzbeginn des Sicherheitstrupps muss eine Meldung an die Atemschutzüberwachung erfolgen.
– Der Sicherheitstrupp muss an einer vorher bestimmten Stelle am Einsatzort bereitstehen (möglichst nahe am Eingang ins Gebäude, durch den der zu überwachende Atemschutztrupp vorgeht).
– Alle benötigten Einsatzmittel liegen dort bereit und der Sicherheitstrupp ist umgehend einsatzbereit (Atemanschluss angelegt und Lungenautomat noch nicht angeschlossen).
– Der Sicherheitstrupp darf zusätzlich nur für solche Aufgaben verwendet werden, die sein sofortiges Eingreifen bei einem Notfall nicht be- oder verhindern.
– Kommt der Sicherheitstrupp zum Einsatz, ist umgehend ein neuer Sicherheitstrupp bereitzustellen.
– Der Sicherheitstrupp steht bereit und informiert sich über den laufenden Einsatz und seine mögliche Entwicklung.

Merke:
Der Sicherheitstrupp darf keine Aufgaben übernehmen, die einen sofortigen Einsatz behindern würden. Der Sicherheitstrupp verwendet immer eine eigene Rückzugssicherung.

7.6 Aufgaben des Sicherheitstrupps

– Am Verteiler in Bereitstellung gehen (vollständig ausgerüstet, Atemanschluss angelegt aber Lungenautomat noch nicht angeschlossen – siehe Bild 12).
– Bei einem Notfall (auf Befehl) sofort Hilfe leisten.
– Vor dem Betreten der Unfallstelle für eine eigene Rückzugssicherung sorgen.
– An der Unglücksstelle die Atmung des Verunfallten am Lungenautomat überprüfen.
– Druckkontrolle beim Verunfallten und innerhalb des Sicherheitstrupps.
– Überprüfung mittels Bodycheck, ob der Verunfallte frei ist, gleichzeitig können ggf. Verletzungen erkannt werden.
– Lagemeldungen absetzen.
– Bei vorhandener Atmung muss der Sicherheitstrupp in der Lage sein, zeitnah einen Gerätewechsel durchzuführen – auch bei Nullsichtbedingungen.
– Wenn keine Vitalfunktionen vorhanden sind oder bei lebensbedrohlichen Verletzungen, muss umgehend die Entscheidung für eine Crashrettung getroffen werden.

Bild 12: Der Sicherheitstrupp steht komplett ausgerüstet mit aufgesetztem (aber nicht angeschlossenem) Atemanschluss am Verteiler bereit. Er muss jederzeit – falls es die Lage erfordert – eingreifen können. Dafür steht ihm ein Rettungsset zur Verfügung.

– In regelmäßigen Abständen ist eine Druckkontrolle durchzuführen und an die Atemschutzüberwachung zu übermitteln.

7.7 Der Luftvorrat des Sicherheitstrupps

Die mittlere Einsatzzeit eines Atemschutzgerätes mit einer 300-bar-Flasche (6 Liter) wird mit 30 Minuten angegeben. In diesen

30 Minuten muss der Sicherheitstrupp den vermissten Trupp suchen und finden. Zusätzlich zu seiner normalen Ausrüstung hat er noch ein Rettungsset mitzunehmen. Zu der physischen Belastung kommt noch die psychische Belastung eines Notfalleinsatzes. Der Sicherheitstrupp muss am Unfallort die richtigen Entscheidungen treffen und gegebenenfalls das Atemschutzgerät des Verunfallten wechseln. Und alle diese Aufgaben sollen in nur 30 Minuten bewältigt werden?

Es ist also anzunehmen, dass der Sicherheitstrupp in Zeitnot geraten wird. Genauer gesagt der eigene Luftvorrat könnte ein Problem für den Sicherheitstrupp werden. Je nach Lage und Örtlichkeit, ist es für den Sicherheitstrupp gar nicht möglich, eine Rettung durchzuführen, ohne sich selbst in Gefahr zu bringen. Würden dem Sicherheitstrupp Langzeitatmer zur Verfügung stehen, hätte er die doppelte Einsatzzeit als mit herkömmlichen Pressluftatmern.

Um das Zeitproblem zu lösen, müssen bei einem Notfall zeitnah weitere Atemschutzgeräteträger bereitstehen, um den Sicherheitstrupp zu unterstützen. Ein einziger Sicherheitstrupp ist definitiv nicht ausreichend. Muss erst nachalarmiert werden, um einen zweiten Sicherheitstrupp stellen zu können, kann es für eine Rettung zu spät sein.

7.8 Parallele Maßnahmen zum Einsatz des Sicherheitstrupps

– Spätestens jetzt muss der Rettungsdienst in ausreichender Stärke verständigt werden.

- Der Rettungsdienst muss an der Übergabestelle bereitstehen, um den verunglückten AGT in Empfang zu nehmen.
- Weitere Sicherheitstrupps müssen gestellt werden.
- Es muss eine Nachforderung weiterer AGT und von Pressluftatmern erfolgen, wenn nicht sicher ist, dass weitere Sicherheitstrupps gestellt werden können.
- Maßnahmen zur Entrauchung des Gebäudes sind zu prüfen und ggf. einzuleiten (Überdruckbelüftung), aber immer in Absprache mit den vorgehenden Trupps.
- Gegebenenfalls ist ein alternativer Zugang zu erkunden bzw. zu schaffen.
- Wenn sich Personen mit Gebäudekenntnis an der Einsatzstelle aufhalten, diese nochmals zu den Gegebenheiten im Innern befragen, um weitere Erkenntnisse des Notfallortes zu erhalten.
- Wenn der verunglückte AGT eingeklemmt ist, müssen Gerätschaften zur Befreiung vorhanden sein (ggf. Nachforderung).

Merke:

Bei einem Atemschutznotfall ist es von größter Bedeutung, dass alle Rettungskräfte klare Ziele verfolgen und die Zusammenarbeit reibungslos funktioniert. Einzelkämpfer sind bei Notfällen nicht zu gebrauchen.

7.9 Trainingsbaustein »Einsatzübung Sicherheitstrupp«

Mit dieser Trainingseinheit wird das Vorgehen des Sicherheitstrupps geschult. Dabei wird ausschließlich die Tätigkeit des Sicherheitstrupps betrachtet. Die Aufgabenstellung ist es, zunächst mit der jeweiligen Zusatzausrüstung (Rettungsmulde, Rettungsset etc.) am Verteiler in Stellung zu gehen. Dort bekommt der Trupp seinen Einsatzbefehl und muss einen verunfallten AGT suchen und retten.

Der übende Trupp muss selbstständig eine Rückzugssicherung wählen und folgt der bereits liegenden Schlauchleitung zu den in Not geratenen AGT. Der Anmarschweg zum Verunfallten ist eher kurz zu wählen. Aufgrund der Auffindsituation (Verunfallter nicht ansprechbar) ist eine Crashrettung durchzuführen (siehe Kapitel 12). Der zweite AGT des verunfallen Trupps kann ohne besondere Hilfe mit ins Freie geführt werden.

Ziel dieses Trainingsbausteins ist es, dass die AGT die Belastungen, die beim Einsatz des Sicherheitstrupps auftreten, kennen lernen. Des Weiteren sollen die AGT die Vorgehensweise verinnerlichen, die notwendig ist, um den Verunfallten zu retten. Nach der Übung sollte eine umfassende Nachbesprechung erfolgen, bei der auf die einzelnen Tätigkeiten eingegangen wird. Um die Vor- und Nachteile der einzelnen Rettungsmittel für die AGT erfahrbar zu machen, bietet es sich an, das gleiche Übungsszenario mit verschiedenen Rettungsmitteln durchzuführen.

8 Leinensysteme

Die Vornahme von Leinen in Gebäuden ist eine schwierige Aufgabe, besonders wenn sie durch mehrere Räume oder über lange Wegstrecken geführt werden müssen. Schon kleine Einrichtungsgegenstände können zum »Verheddern« bzw. zum Festsetzen des AGT führen.

Besonders für junge und unerfahrene AGT ist das Arbeiten mit einer Leine bei Nullsicht ein hoher Stressfaktor. Allerdings ist es auch für erfahrene Einsatzkräfte schwierig, sich mit Leinen fortzubewegen. Um einen hohen Sicherheitsstandard zu erhalten, darf jedoch nicht einfach auf die Leine verzichtet werden oder beim Vorgehen die Leine an der Einsatzstelle liegen gelassen werden. Daraus folgt, dass der Umgang mit Leinen regelmäßig geübt werden muss.

Ein weiteres Problem ist das unkontrollierte Auslaufen der Leine aus dem üblicherweise verwendeten Leinenbeutel. Besonders die Feuerwehrleine zeigt hier oftmals Schwächen.

8.1 Feuerwehrleine

Die Feuerwehrleine ist ein Bestandteil der persönlichen Ausrüstung und bei jedem Einsatz unter Atemschutz mitzuführen. Sie dient unter anderem dazu, schnell eine autarke Rückzugssicherung zu schaffen oder bei Gefahrenlagen eine Selbstrettung durchzuführen.

Bei größeren Objekten ist die Feuerwehrleine wegen ihrer geringen Länge (30 Meter) nur bedingt einsetzbar. Zudem steht die Feuerwehrleine dem AGT im Falle einer Selbstrettung nicht mehr zur Verfügung, wenn sie als Rückwegssicherung benutzt wurde. Bei Alarmstichworten wie »Tiefgaragenbrand«, »Kellerbrand in Mehrfamilienhaus« etc. ist es erforderlich, dass den AGT Leinensuchsysteme mit längeren Arbeitslängen zur Verfügung stehen. Insbesondere dann, wenn eine systematische Suche mit mehreren Trupps eingeleitet werden soll.

8.2 Sicherheitsrisiko Feuerwehrleine

Beispiel:
Auf dem gesamten Rückzugsweg lief die Leine (Feuerwehrleine) eines Truppmanns aus dem Beutel, worauf der Truppmann hängen blieb. Das Auslaufen der Feuerwehrleine führte unter anderem dazu, dass sich der Truppmann nicht mehr rechtzeitig in Sicherheit bringen konnte.

Die Feuerwehrleine ist nach wie vor ein fester Bestandteil der Ausrüstung und hat auch heute noch ihre Berechtigung. Zur schnellen Selbstrettung aus Höhen steht oftmals kein anderes Arbeitsmittel zur Verfügung. Solange kein Ersatz für die Feuerwehr-

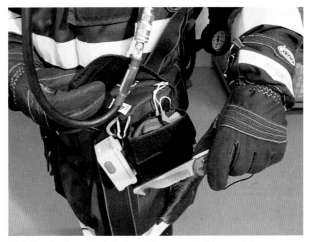

Bild 13: In einem Notfallholster können zusätzlich zum Rettungsmesser noch weitere Gegenstände mitgeführt werden (z. B. Bandschlinge, Keil, Wachskreidestift zum markieren von Türen, Totmannwarner). Das Notfallholster wird direkt am Atemschutzgerät befestigt.

leine gefunden ist, müssen sich die AGT mit den ungenügenden Eigenschaften der Feuerwehrleine arrangieren.

Um die Probleme und Unfallrisiken zu minimieren, ist es unbedingt erforderlich, den Einsatz mit Leinen immer wieder zu üben und vor allem den neu ausgebildeten AGT die Problematik der Feuerwehrleine deutlich zu machen. Im Zusammenhang mit dem Umgang mit Leinen ist es erforderlich, die AGT mit Rettungsmesser bzw. Rettungsschere auszustatten (Bild 13).

8.3 Leinensuchsysteme/Führungsleinen

Auch bei anderen Leinensystemen kann es zu Problemen kommen. Es ist nicht damit getan, die AGT mit den entsprechenden Leinen auszustatten, sondern es muss dann auch die Ausbildung der AGT mit den Leinen vorangetrieben werden und zwar regelmäßig und wiederkehrend. Gegenwärtig werden von verschiedenen Herstellern Leinensuchsysteme angeboten.

Der entscheidende Vorteil dieser Führungsleinen ist ihre Länge. In weit ausgedehnten Objekten ist es dem AGT damit möglich, große Bereiche abzusuchen. Des Weiteren sind diese Leinen meist mit Richtungsanzeigern ausgestattet, die dem AGT die Orientierung erleichtern sollen. Grundsätzlich sollten den AGT für Suchaufgaben Leinensuchsysteme zur Verfügung stehen.

Kommen mehrere Leinen dieser Art zum Einsatz, ist es von Vorteil, wenn die Leinen eindeutig (Funkrufname des Fahrzeuges und eingesetzter Trupp) gekennzeichnet sind (Bild 14). So ist z. B. der Sicherheitstrupp sofort in der Lage, der richtigen Leine zu folgen und den verunglückten Trupp schnell zu finden.

Die größere Reichweite hat aber auch Tücken. Der vorgehende Trupp darf keinesfalls die regelmäßige Druckkontrolle vergessen, denn durch die Länge der Leine ist unter Umständen ein sehr langer Rückweg einzuschlagen. Durch die größere Reichweite steigt auch die Gefahr, dass sich die Trupps zu weit in die Einsatzstelle vorwagen. Besonders hier sind regelmäßige Druckkontrollen notwendig, um zu gewährleisten, dass der Druck für den Rückweg ausreicht. Es ist darauf zu achten, dass für den Hinweg maximal 1/3 des ursprünglichen Flaschendrucks verbraucht wird, um eine 2/3-Reserve für den Rückweg zu haben.

Bild 14: Diese Führungsleine wird in einer eigenen Tasche mitgeführt. Sie ist zusätzlich mit »Richtungsanzeigern« ausgestattet. In der Praxis ist es jedoch nur schwer möglich, mit Schutzhandschuhen die Richtung zu ertasten. Vorteilhaft ist die Kennzeichnung der Leine mit dem Funkrufnamen des Trupps, der sie einsetzt.

8.4 Persönliche Verbindungsleine/Geräteträger- verbindung

Persönliche Verbindungsleinen/Geräteträgerverbindungen sollen eine ständige Verbindung der Truppmitglieder gewährleisten (Bild 15). Die persönliche Verbindungsleine mit Aufrollautomatik ist der Ersatz für die Verbindung mit den Sicherungsleinen des

Bild 15: Verbindung der Geräteträger mit der Feuerwehrleine

Feuerwehrhaltegurtes oder der Feuerwehrleine und ermöglicht einen größeren Aktionsradius.

Bei der automatischen Geräteträgerverbindung besteht einer der Vorteile darin, dass sich die Leine einrollt, wenn sich der Abstand zwischen den AGT verringert. Allerdings haben diese Leinen auch Nachteile. In kleineren Räumen mit vielen Einrichtungsgegenständen besteht die Gefahr, dass die AGT mit der Leine hängen bleiben oder sich verheddern. Um sich dann befreien zu können, müssen die AGT Ruhe bewahren und die dünne Leine ertasten, was mitunter zu einem schwierigen Unterfangen werden kann. Es ist also Vorsicht geboten! Bevor Verbindungsleinen im Einsatz verwendet werden, sollten die AGT hiermit in Übungen Erfahrungen sammeln. Die Entscheidung über den Einsatz einer Geräteträgerverbindung steht in Abhängigkeit vom zu durchsuchenden Objekt und der angewandten Suchtechnik.

8.5 Leinenhandling mit Schutzhandschuhen

Bei Einsätzen und Übungen kann beobachtet werden, dass AGT dazu neigen, sich ihrer Schutzhandschuhe zu entledigen, wenn es zu Problemen mit einer Leine kommt. Die Feuerwehrschutzhandschuhe der neuesten Generation schützen ihre Träger vor thermischen und mechanischen Einwirkungen. Im Zuge der neuen Normung haben die Schutzhandschuhe deutlich an Sicherheit, aber auch an Materialdicke zugenommen. Darunter leiden bei den meisten Modellen der Tastsinn und das Empfindungsvermögen des AGT. Es liegt somit nahe, dass die AGT bei Arbeiten mit der (Feuerwehr)Leine oder anderen Ausrüstungsgegenständen ihre Schutzhandschuhe ausziehen. Diese Praxis hat jedoch zwei Nachteile:

– Zeitverlust bei der Rettung Verunfallter sowie
– eine erhöhte Verletzungsgefahr.

8.6 Ausbildung mit Feuerwehrschutzhandschuhen

Sicherlich können nicht alle Aufgaben mit Schutzhandschuhen bewältigt werden. Aber Grundtätigkeiten, wie z. B. die Herstellung einer Geräteträgerverbindung oder der Umgang mit Karabiner, können auch mit Handschuhen erlernt werden. Seitens der Ausbilder sollte darauf geachtet werden, dass während der Übungen die Aufgaben mit Handschuhen erledigt werden. Eine wichtige Grundvoraussetzung ist, dass die Handschuhe passen. Oftmals werden Feuerwehrschutzhandschuhe nur in Einheitsgrößen angeboten bzw. beschafft. Würde man gleichermaßen mit Einsatzstiefeln verfahren, wäre mit Sicherheit Protest zu erwarten.

Die Feuerwehrschutzhandschuhe müssen für die Handgriffe der Atemschutzgeräteträger die richtige Größe und Passform haben.

8.7 Trainingsbaustein »Freischneiden eines AGT«

Beispiel:
Ein AGT verfängt sich mit seiner Feuerwehrleine, gerät in Panik und kann sich nicht mehr selbstständig befreien.

Die Übungsteilnehmer haben die Aufgabe, im Rahmen der AVS-Strategie (siehe Kapitel 11) als Sicherheitstrupp vorzugehen. Der Verunfallte muss gefunden und durch Freischneiden befreit werden. Dabei ist insbesondere darauf zu achten, dass das Schneidwerkzeug richtig geführt wird und nicht unbeabsichtigt Teile des Atemschutzgerätes oder der Kleidung beschädigt werden.

Der zu rettende AGT wird mit einer Extremität mithilfe der Leine an einem Hindernis befestigt. Der Sicherheitstrupp muss sich dann durch Abtasten und Entwirren der Leine zunächst einen Überblick verschaffen und den AGT anschließend durch Freischneiden befreien.

Steigerungsmöglichkeiten:
- Verhedderung vergrößern,
- Nullsicht,
- Lage des Verunfallten schwer zugänglich.

Benötigtes Material:
- Arbeitsleine,
- Schneidgerät (Messer bzw. Schere).

9 Rückzugssicherung

9.1 Definition

Die Rückzugssicherung sichert – insbesondere bei Nullsicht und Orientierungslosigkeit – den Rückzugsweg der AGT. Sie wird immer an einem Festpunkt angebracht, der auf keinen Fall zu einem Gefahrenbereich werden kann, also immer außerhalb, im Freien (Bild 16).

> **Merke:**
> Die Rückzugssicherung sichert den Rückzugsweg der AGT. Der Festpunkt für die Rückzugssicherung ist immer außerhalb des Gebäudes (im Freien) zu wählen.

9.2 Rückzugssicherung mittels Schlauchleitung

Es ist durchaus eine gängige Praxis, eine Schlauchleitung als einzige Rückzugssicherung zu verwenden. Grundsätzlich soll dies nicht in Frage gestellt werden, denn bei einem standardmäßigen Zimmerbrand ist diese Vorgehensweise als ausreichend zu bewerten. Allerdings ist diese Art der Rückzugssicherung nicht automa-

Bild 16: Falsch! In der trügerischen Annahme, der Treppenraum ist sicher und rauchfrei, befestigt der Atemschutztrupp seine Rückzugssicherung innerhalb des Gebäudes.

70

tisch für alle Einsätze geeignet. Die AGT sollten sich im Klaren darüber sein, dass ein vorgenommenes Rohr nicht generell eine geeignete Rückzugssicherung darstellt. Bei weitläufigen und verwinkelten Einsatzstellen ist das Nachführen der Schlauchleitung äußerst schwierig.

Wird eine Person aufgefunden, muss sie auf dem schnellsten Weg ins Freie gebracht werden. Dabei darf der Trupp seine Eigensicherung nicht aufgeben. Der Rückzug muss in diesem Fall entlang der Schlauchleitung erfolgen, ohne dass die Verbindung dabei verloren geht.

9.3 Rückzugssicherung mittels Leine

Die Rückzugssicherung mittels einer Leine findet meist nur dann Anwendung, wenn verrauchte Bereiche abgesucht werden müssen, in denen nicht mit Feuer zu rechnen ist und deshalb auf die Mitnahme eines Rohres verzichtet wird. Standardmäßig wird die Rückzugssicherung in den häufigsten Fällen mit dem Strahlrohr sichergestellt. Das Verwenden einer Leine bietet viele Vorteile, gleichzeitig wird sie aber oft von den AGT abgelehnt, weil sie als störend und behindernd empfunden wird. Der entscheidende Vorteil einer Leine ist, dass sie nicht nachgezogen werden muss und der AGT sie in ihrer kompletten Länge bei sich trägt.

Der Festpunkt ist grundsätzlich außerhalb eines Gebäudes zu wählen. Außerdem ist die Rückzugssicherung stets mit einem AGT (Trupp) fest verbunden. Sie muss in ausreichender Länge zur Verfügung stehen und einen sofortigen Rückzug aus dem Gefahrenbereich ermöglichen. Die Feuerwehrleine ist hierfür in der Praxis oft zu kurz, dies führt fälschlicherweise zum Weglassen der Rückzugssicherung. Die Leine kann als sichere Rückzugssicherung angesehen werden.

9.4 Gegenüberstellung von Schlauchleitung und Leine

Vorteile Schlauchleitung:
– wird beim Vorgehen in Brandräume ohnehin mitgenommen,
– Eigenschutz bei Ausbreitung des Brandes,
– durch die Größe der Schlauchleitung kann der Rückweg gut ertastet werden,
– die Schlauchleitung führt immer nach draußen zum Verteiler.

Nachteile Schlauchleitung:
– besonders bei einer Menschenrettung ist die Zeit und der Arbeitsaufwand beim Vornehmen eines Rohres um ein Vielfaches höher als bei einer Leine,
– das Rohr ist nicht fest mit dem AGT verbunden,
– das Rohr muss in der Regel nachgeführt werden,
– der AGT wird in Situationen, in denen er arbeiten muss, dass Rohr aus der Hand legen,
– bei mehreren verlegten Schlauchleitungen besteht die Gefahr eines versehentlichen Übergreifens auf eine andere Schlauchleitung.

Vorteile der Leine:
- die komplette Länge der Leine wird direkt »am Mann« mitge-führt,
- sehr flexibel und leicht,
- die Leine ist immer mittels Karabiner fest mit dem AGT ver-bunden.

Nachteile der Leine:
- sehr dünn und schwierig mit Handschuhen zu ertasten,
- es besteht die Gefahr des Verheddrens,
- zusätzlicher Ausrüstungsgegenstand für den AGT,
- mechanische und thermische Belastbarkeit.

9.5 Fazit

Eine pauschale Aussage zur Vorgehensweise kann nicht formu-liert werden. Hat ein Trupp ausschließlich die Aufgabe, einen ver-rauchten Bereich zu durchsuchen, ist die Rückzugssicherung mit-tels Leine zu bewerkstelligen. Die Vornahme eines Strahlrohres wäre hier sicherlich zu zeitaufwendig und nicht angepasst.

Der Sicherheitstrupp muss immer eine eigene Rückzugssiche-rung mittels einer Leine verwenden. Auf keinen Fall darf er sich auf die Rückzugssicherung eines vermissten Trupps verlassen.

Merke:
Der Sicherheitstrupp verwendet **immer** eine eigene Rück-zugssicherung.

Die Rückzugssicherung anhand einer Leine sollte vor allem bei Einsatzübungen propagiert werden, um die nötige Akzeptanz unter den AGT zu erreichen. Der ungeübte Umgang mit Leinen bereitet vielen AGT sehr große Schwierigkeiten, vor allem dann, wenn sie keine Sicht haben. Auch deshalb ist es notwendig, dies immer wieder im Rahmen der Aus- und Fortbildung zu üben.

Das Anbringen einer Rückzugssicherung beinhaltet zwei wesentliche Vorteile:

1. Sichert den Rückweg – auch ohne Sicht.
2. Ein verunfallter AGT kann schneller gefunden werden.

9.6 Kennzeichnung der Rückzugssicherung

Wenn bei größeren Einsätzen gleichzeitig mehrere Atemschutztrupps im Einsatz sind, ist es häufig sehr schwierig die Übersicht über die Aufenthaltsorte der eingesetzten Kräfte zu wahren. Die Problematik wird dann noch verstärkt, wenn sich die Einsatzkräfte aus verschiedenen Feuerwehren zusammensetzen. Trotzdem muss man der Forderung gerecht werden, dass bei einem Notfall der SiTr schnellstens zu dem Verunglückten gelangen kann.

Äußerst hilfreich ist es, die Leinen der Rückzugssicherung oder die Schlauchleitungen mit den Funkrufnamen der Trupps zu kennzeichnen (Bilder 17 und 18). Der Funkrufname wurde deshalb gewählt, weil er eindeutig ist und pro Einsatzstelle nur einmal vorkommt. Die Schilder können sofort beim Verlegen der Schlauchleitung oder erst in der nächsten Phase des Einsatzes angebracht werden.

Bild 17: Die Kennzeichnungsschilder sind beidseitig beschriftet und werden an der jeweiligen Rückzugssicherung befestigt.

Bild 18: Bei einem Notfall kann der Sicherheitstrupp mithilfe der Kennzeichnungsschilder sofort an der richtigen Schlauchleitung entlang zum verunfallten Trupp vordringen.

Merke:

Die Kennzeichnung der Angriffswege hilft den Führungskräften und der Atemschutzüberwachung dabei die Übersicht zu wahren. Ferner kann der SiTr sofort an der richtigen Schlauchleitung bzw. Leine entlang zum verunfallten Trupp finden.

9.7 Trainingsbaustein »Rückzugssicherung«

Im Trainingsbaustein »Rückzugssicherung« sollen die verschiedenen Varianten der Vornahme einer Rückzugssicherung praktisch erprobt werden:
– Variante A: Rückzugssicherung mittels Schlauchleitung,
– Variante B: Rückzugssicherung mittels Leine (Bild 19).

Die Trainingsteilnehmer gehen jeweils truppweise vor. Um eine Vergleichsmöglichkeit zwischen den Varianten zu haben, muss jeweils mit der gleichen Lage geübt werden.

Damit die Vor- und Nachteile der Methoden herausgestellt werden, führt der vorgehende Trupp einen Wechsel der horizontalen Ebenen (Treppe) durch. Im weiteren Verlauf muss er noch einen Anmarschweg von ca. 30 Metern zu der zu rettenden Person (bewusstlos) zurücklegen und mit dieser dann den Rückweg antreten. Ideal ist die Rettung der Person mittels Rettungstuch. Im Anschluss, nach einer kurzen Besprechung mit einem Erfahrungsaustausch, gehen die Teilnehmer nach der anderen Variante vor.

Bild 19: Der Sicherheitstrupp geht mit der Rückzugssicherung »Feuerwehrleine« in der Hand über den Treppenraum zurück.

10 Suchtechniken

Das schnelle Auffinden eines verunfallten AGT ist die wichtigste Voraussetzung für einen erfolgreichen Rettungseinsatz. Ein gut koordinierter Suchvorgang mit mehreren Trupps stellt jedoch für alle an der Einsatzstelle befindlichen Kräfte eine schwierige Aufgabe dar. Im Folgenden sollen die geläufigsten Suchtechniken vorgestellt werden, mit denen verschiedene Arten von Gebäuden in Abhängigkeit von ihrer Größe und Komplexität abgesucht werden können.

10.1 Hinweise für das Absuchen

Die anzuwendende Suchtechnik steht immer in direkter Abhängigkeit zum zu durchsuchenden Objekt. Von entscheidender Bedeutung ist hierbei, dass die eingesetzten Trupps alle nach der gleichen, zuvor ausgewählten Suchmethode arbeiten. Nur dann ist die gegenseitige Unterstützung bzw. das parallele Vorgehen in gleichen Suchbereichen effektiv. Dazu gehört auch die ständige Kommunikation der Trupps untereinander, denn nicht selten kommt es, bedingt durch fehlende Vorgaben und Absprachen, zu langwierigen Suchaktionen, bei denen von unterschiedlichen Trupps der gleiche Bereich mehrfach abgesucht wird. Hingegen werden andere Bereiche gar nicht oder nur unvollständig durchsucht.

Von besonderer Wichtigkeit ist es, die Ergebnisse festzuhalten. So ist es sinnvoll, abgesuchte Bereiche mit geeigneten Mitteln (z. B. Wachskreide, Kabelbinder o. Ä.) zu kennzeichnen. Außerhalb des Gebäudes muss eine Skizze des Objekts erstellt werden. Mit einfachen Hilfsmitteln, wie z. B. Flipchartpapier oder mittels Kreide an einer Wand, können AGT, die schon im Objekt waren, markante Punkte einzeichnen (Treppen, Räumlichkeiten etc.). Hierzu ist ein Übergabepunkt festzulegen, an dem sich die AGT nach dem Atemschutzeinsatz einfinden, damit sie ihre Informationen an die nächsten Einsatzkräfte weitergeben können (Bild 20).

Bild 20: Bevor neue Suchtrupps in (komplexe) Gebäude vorgehen, sprechen sich die Trupps am Übergabepunkt untereinander ab.

Dies gibt den nachfolgenden Einsatzkräften Anhaltspunkte, an denen sie sich orientieren können und verhindert das mehrfache Absuchen gleicher Bereiche.

Die verschiedenen Suchtechniken können auch miteinander kombiniert werden. Natürlich ist bei allen Suchaktionen die Wärmebildkamera das Mittel der Wahl, um schnell und erfolgreich zu arbeiten. Allerdings darf auch hier nicht auf die Rückzugssicherung verzichtet werden.

10.2 Rechte- bzw. Linke-Handtechnik

Die Rechte- bzw. Linke-Handtechnik kann in kleinen Räumen mit einer Größe von zirka 5 × 5 Meter eingesetzt werden. Sie ist eine typische Suchtechnik bei durchschnittlichen Zimmern oder Wohnungen.

Bei dieser Technik sind außer der Rückzugssicherung keinerlei Leinen erforderlich. Es ist jedoch von Vorteil, wenn beide Geräteträger miteinander verbunden sind (z. B. mit einer Bandschlinge oder einer Geräteträgerverbindungsleine), um den Suchradius zu vergrößern. Mithilfe der Feuerwehraxt kann die Reichweite noch zusätzlich vergrößert werden, um auch schwer zugängliche Bereiche zu »ertasten«. Umso größer der Raum ist, desto schwieriger wird es, den mittleren Bereich flächendeckend abzusuchen. Deshalb ist diese Suchtechnik auf Räume kleineren Ausmaßes beschränkt.

Beim Einsatz von zwei oder mehr Trupps ist eine vorherige Absprache und gegenseitige Kommunikation während des Ab-

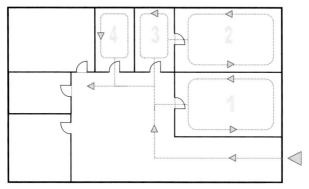

Bild 21: Rechte- bzw. Linke-Handtechnik

suchens erforderlich. Die Wahl, in welche Richtung der Raum betreten wird, hängt von der Aufschlagrichtung der Tür des abzusuchenden Raumes ab. Damit wird ein einheitliches Vorgehen garantiert, woran sich nachfolgende Trupps orientieren. Öffnet die Tür nach rechts, wird nach der Rechte-Handtechnik vorgegangen, öffnet die Tür nach links, ist die Linke-Handtechnik das Mittel der Wahl (Bild 21).

10.3 Fächertechnik

Die Fächertechnik findet Anwendung in Räumen mit einer Größe von zirka 20 × 20 Meter. Die Fächerbewegung kann mit der Feuerwehrleine ausgeführt werden. Der Trupp dringt in Richtung des

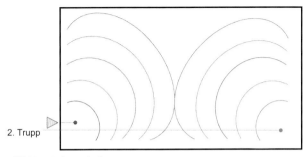

2. Trupp

Bild 22: Fächertechnik

Türaufschlags in den Raum ein und geht bis zur ersten Raumecke vor. Danach teilt sich der Trupp. Der Truppführer verbleibt in der Ecke, der Truppmann wird mit der Feuerwehrleine verbunden. Der Truppführer gibt immer 1,5 bis 2 Meter Leine frei, wenn der Truppmann von einer raumabschließenden Wand zur anderen gependelt ist. Somit wird immer ein Kreissegment abgesucht. Je nach Größe des Raumes muss sich der Trupp in alle Ecken des Raumes begeben und die Fächerbewegung durchführen. Schneller und effektiver ist es, wenn mehrere Trupps den Raum nach diesem Muster durchsuchen (Bild 22). Eine Absprache unter den Trupps ist dann unablässig.

10.4 Baumtechnik mit Führungsleine

Bei Räumen, die 20 × 20 Meter überschreiten, kann mit einer Führungsleine gearbeitet werden. Der erste Trupp, der in das Gebäude vorgeht, hat die Aufgabe, die Führungsleine im Objekt zu positionieren. Dabei ist darauf zu achten, dass ein geeigneter Festpunkt verwendet wird und die Leine dort sicher befestigt werden kann. Als Führungsleine ist die Feuerwehrleine ungeeignet, da ihre Länge in Räumen mit solchen Ausmaßen nicht ausreichend ist. Eine Verlängerung von Feuerwehrleinen ist nicht praktikabel. An der Führungsleine befestigen sich nun alle nachfolgenden Trupps, um einen vorher bestimmten Sektor abzusuchen (Bild 23). Denkbar ist dieses Verfahren in gewerblichen Objekten (z. B. Lagerhallen) oder in Tiefgaragen.

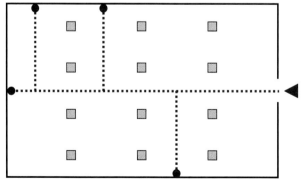

Bild 23: Baumtechnik

Für diese Suchmethode bedarf es eines sehr hohen Zeit- und Personalaufwandes. Die Arbeit der Trupps kann durch einen Plan mit dem Grundriss des Gebäudes vereinfacht werden. Bei der Befehlsgabe muss darauf geachtet werden, dass der Suchbereich mit dem vorhandenen Luftvorrat abgesucht werden kann. Bei Gebäuden von solch großen Ausmaßen müssen vorrangig Großventilatoren zur schnellen Entrauchung eingesetzt werden, um für die Einsatzkräfte die Sicht zu verbessern. Der Einsatz von Wärmebildkameras unterstützt die Suchmaßnahmen. Trotzdem müssen die AGT in der Lage sein, bei Ausfall der Wärmebildkamera weiter zu arbeiten.

10.5 Trainingsbaustein »Suchtechnik«

Mit dem Trainingsmodul »Suchtechnik« können mit einfachen Mitteln und geringem Zeitaufwand die verschiedenen Suchtechniken geübt werden. In Abhängigkeit der Größe des abzusuchenden Objekts muss die richtige Suchtaktik eingesetzt werden. Die Aufgabe besteht darin, zehn gleiche Objekte (z. B. Holztafeln) zu suchen (Bild 24).

Jeweils ein Atemschutztrupp (zwei Mann pro Trupp) geht unter Nullsichtbedingung zur Suche vor. Sind alle Objekte gefunden, ist die Übung beendet. Die Nullsicht sollte nicht durch Verrauchung herbeigeführt werden, denn so können die Ausbilder die Ausführung der Suchtechniken nicht beobachten. Die Übung bietet noch weitere Steigerungsmöglichkeiten:

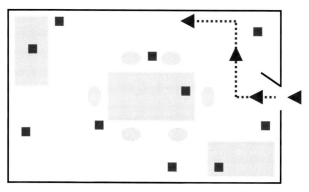

Bild 24: Die zu suchenden Objekte (rote Quadrate) sollten im ganzen Raum verteilt werden. Durch Hinzufügen von weiteren Einrichtungsgegenständen kann der Schwierigkeitsgrad gesteigert werden.

– Anzahl der Hindernisse erhöhen,
– Vergrößerung der abzusuchenden Fläche,
– mehrere Trupps suchen gleichzeitig,
– gleichzeitiges Absuchen mit verschiedenen Suchtechniken,
– Verwendung von Leinensystemen.

Um die Motivation zu erhöhen kann die Zeit genommen werden, um festzustellen, wie lange die einzelnen Trupps benötigen, um alle Objekte einzusammeln. Die Übung bekommt so Wettbewerbscharakter und die Übungsteilnehmer werden zu Leistungssteigerungen angespornt.

11 Auffinden, Versorgen und In-Sicher-heit-bringen eines verunfallten AGT

Das Auffinden und Versorgen eines verunfallten AGT ist eine der größten Herausforderungen für die Einsatzkräfte. Für alle Beteiligten ist es zudem eine sehr große psychische Belastung. Wenn derartige Situationen nicht trainiert worden sind, ist davon auszugehen, dass keine befriedigenden Ergebnisse erzielt werden können und kein strukturierter Einsatzverlauf zu Stande kommt. Zur Rettung sollen standardisierte Verfahren angewendet werden, um einen reibungslosen Ablauf zu gewährleisten. Diese Verfahren müssen allen Einsatzkräften bekannt und in ihrer Anwendung vertraut sein.

Nachfolgend soll die Vorgehensweise bei einem verunfallten AGT behandelt werden. Verunfallt der komplette Trupp, bleibt die Vorgehensweise beim Verunfallten zwar gleich, es reicht nun aber auf jeden Fall ein SiTr nicht mehr aus, sondern es müssen mindestens zwei SiTr zur Rettung eingesetzt werden.

11.1 AVS-Strategie

Die wesentlichsten Maßnahmen sind in der so genannten »AVS-Strategie« prägnant zusammengefasst.

A – Auffinden
V – Versorgen
S – In-Sicherheit-bringen

11.2 Auffinden

Dem SiTr muss immer bewusst sein, dass es ein Ereignis gab, welches den Notfall verursacht hat. Deshalb ist bei der Vorgehensweise der Eigenschutz von zentraler Bedeutung. Auch wenn eigene Kräfte in Not geraten sind und schnellstens Hilfe brauchen, darf auf die nötige Vorsicht nicht verzichtet werden. Wenn der verunglückte AGT aufgefunden wurde, ist vordringlich die Situation um die Unglücksstelle zu prüfen und die Ursache der Notfallsituation zu klären. Vor allem wenn nicht klar ist, ob der gesamte Trupp verunglückt ist, sind folgende Fragen zu klären:

– Ist der zweite AGT noch am Unfallort?
– Wie ist sein Zustand?
– Wie ist sein Flaschendruck?
– Hat er wichtige Informationen?

Merke:
Nur wenn der Eigenschutz beachtet wird, kann einem in Not geratenen AGT Hilfe geleistet werden.

Rollenverteilung beim Auffinden eines AGT

Wenn der Verunfallte gefunden wurde, ist es wichtig, dass Truppführer und Truppmann nun alle Maßnahmen koordiniert durchführen. Dazu bedarf es der vorherigen Absprache untereinander (besonders dann, wenn schwierige Sichtverhältnisse an der Einsatzstelle vorliegen) – vgl. Standard-Einsatz-Regeln (SER). Beide sollten die Position des Verunfallten kennen, des Weiteren sollte die Positionierung der Einsatzmittel entsprechend der SER erfolgen. Der Verunfallte ist der Orientierungspunkt, an welchem alle weiteren Maßnahmen ausgerichtet werden.

Um eine gute Arbeitsstellenorganisation zu erreichen, befindet sich auf jeder Seite des Verunfallten ein Mitglied des SiTr (Bild 25).

Bild 25: Wenn der Verunfallte aufgefunden wurde, empfiehlt es sich eine Stellung einzunehmen, in der sich auf jeder Seite des Verunfallten ein Truppmitglied befindet. Somit haben beide Truppangehörigen einen ausreichenden Aktionsradius.

Der Truppmann hat das Rettungsset in seiner Reichweite und macht es einsatzbereit.

Truppführer:

– stellt durch Berührung des Verunfallten mit der Hand des Truppmanns einen Orientierungspunkt her,
– gibt Rückmeldung an den verantwortlichen Einsatzleiter und die Atemschutzüberwachung,
– übernimmt den diagnostischen Teil (Ansprechen, Bodycheck usw. – siehe Bild 26),
– entscheidet über das weitere Vorgehen (Crashrettung, Wechsel des Atemschutzgerätes etc.),
– beurteilt die Lage an der Unfallstelle (sind weitere Gefahren erkannt?).

Truppmann:

– macht das jeweilige Rettungsset einsatzbereit,
– hilft auf Aufforderung dem Truppführer bei seinen Aufgaben,
– führt die Leine der Rückzugssicherung,
– schafft Platz um den verletzten AGT.

Merke:

Durch ein komplettes Abtasten des Verunfallten (Bodycheck) wird Folgendes geprüft:

– Vitalfunktionen/Verletzungen,
– ob der Verunfallte frei ist,
– Zustand und Funktion des Atemschutzgerätes.

Bild 26: Der Truppführer des Rettungstrupps spricht den Verunfallten an und führt den Bodycheck durch.

Maßnahmen beim Bodycheck (Sehen – Hören – Fühlen)

Sehen: (je nach Sicht nur eingeschränkt möglich!)
– Erste Übersicht über die Lage verschaffen.
– Sind andere Gefahren erkennbar?
– Ist der AGT bei Bewusstsein und ansprechbar?
– Druckkontrolle am Gerät des Verunfallten durchführen.
– Verletzungen vorhanden? Wenn ja, sind diese lebensbedrohlich?
– Ist der AGT eingeklemmt oder durch Leinen gefangen?
– Sind die Atemwege frei (Erbrochenes)?

Hören:
– Den Verunfallten nach der Unfallursache fragen, dadurch kann die Bewusstseinslage getestet werden.
– Bei Bewusstlosigkeit: Sind Atemgeräusche am Lungenautomaten wahrzunehmen?

Fühlen:
– Abtasten des AGT (Verletzungen? Ist die Person frei?).
– Lage des Atemschutzgerätes (insbesondere des Lungenautomaten und des Atemanschlusses).

11.3 Versorgen

Hier ist primär die Versorgung mit Atemluft gemeint, da es sehr unwahrscheinlich ist, dass vorort Erste Hilfe-Maßnahmen adäquat durchgeführt werden können. Die Sicherstellung der Atemluftversorgung soll die Situation zunächst stabilisieren. Nachfolgend werden drei Varianten zur Sicherung der Atemluft beschrieben. Das Umkuppeln des Lungenautomaten wird von den Autoren als die praktikabelste Variante angesehen. Zur Rettung sollen standardisierte Verfahren angewendet werden, um einen reibungslosen Ablauf zu gewährleisten. Die Verfahren müssen allen Einsatzkräften bekannt und in ihrer Anwendung vertraut sein. Werden lebensbedrohliche Störungen der Vitalfunktionen festgestellt, bleibt als einzige Alternative die so genannte Crashrettung.

Merke:
Oberste Priorität für den Sicherheitstrupp hat immer die **Sicherstellung der Atemluftversorgung**. Bei lebensbedrohlichen Störungen der Vitalfunktionen muss sofort und ausnahmslos eine **Crashrettung** durchgeführt werden!

Zur Sicherstellung der Atemluftversorgung gibt es drei Möglichkeiten (siehe auch Bild 27):
a) Lungenautomaten an der Mitteldruckleitung wechseln,
b) Wechsel des Lungenautomaten oder
c) Wechseln des Atemanschlusses und des Lungenautomaten.

Entscheidungskriterien:
Welche der drei Varianten Anwendung findet, hängt wesentlich von der Auffindsituation des Verunfallten ab. Am einfachsten zu praktizieren ist der Wechsel des Pressluftatmers durch Umkuppeln der Mitteldruckleitung. Sofern kein technischer Defekt am Atemschutzgerät oder Atemanschluss vorliegt, sondern nur die Luftversorgung sicherzustellen ist, ist das Umkuppeln das Mittel

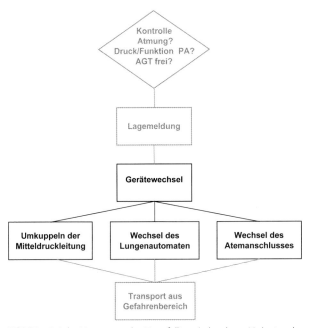

Bild 27: Bei der Versorgung des Verunfallten sind mehrere Varianten des Gerätewechsels möglich. Die Grafik zeigt einen Teil des Handlungsschemas aus Kapitel 13.1 »Der Rote Faden«.

der Wahl. Schwieriger ist es, auf Defekte an Lungenautomat oder Atemanschluss zu reagieren. Ein Austausch kommt nur dann in Frage, wenn ein Defekt an Lungenautomat und/oder Atemanschluss zu erkennen ist. Sowohl der Wechsel des Lungenautomaten als auch des Atemanschlusses erfordern ein hohes Maß an handwerklichem Geschick und Fingerfertigkeit und müssen unbedingt trainiert werden.

a) Lungenautomaten an der Mitteldruckleitung wechseln

Der Lungenautomat (LA) verbleibt am Atemanschluss (AA). Ein neuer Pressluftatmer (PA) wird bereit gelegt und der Lungenautomat entfernt. Dann wird der LA am alten Gerät abgekuppelt und sofort am neuen Gerät wieder angeschlossen. Der Truppführer übernimmt das Umkuppeln. Der Truppmann macht den mitgebrachten PA klar zum Tausch, d.h. er entfernt den LA vom PA und öffnet die Atemluftflasche vollständig. Um einen größeren Handlungsradius zu erreichen, wird die Mitteldruckleitung aus der Bebänderung des PA herausgenommen.

Vor dem Kuppeln wird der Verunfallte über die bevorstehenden Schritte aufgeklärt und angewiesen nochmals durchzuatmen und dann die Luft anzuhalten. Nachdem der Truppführer den Lungenautomat abgekuppelt hat, übergibt der Truppmann sofort die Mitteldruckleitung des neuen PA. Der Truppführer übernimmt die Mitteldruckleitung und kuppelt den LA wieder an.

Alle Arbeiten beim Kuppeln sind unter Druck durchzuführen. Bei allen Aktionen müssen sich die Truppmitglieder untereinander abstimmen. Beide müssen jederzeit wissen, was der jeweils andere gerade macht oder plant (Bild 28).

Das Umkuppeln unter Druck kann erschwert sein und erfordert Übung! Für AGT, die diesen Vorgang noch nie geprobt haben, ist die Durchführung unter Nullsicht nahezu unmöglich, da es maßgeblich auf die richtige Koordination des Sicherheitstrupps ankommt.

Bild 28: Wird der Lungenautomat an der Mitteldruckleitung gewechselt, spielt die Koordination eine zentrale Rolle. Vor dem Kuppelvorgang müssen sich Truppmann und Truppführer abgesprochen haben, wer die bevorstehenden Schritte wie ausführt. Auch der Verunfallte muss über die bevorstehenden Maßnahmen informiert werden.

Im Kapitel 15 »Ergänzende Trainingsbausteine« werden Übungen gezeigt, die sich mit dem Umkuppeln von Pressluftatmern befassen.

b) Wechsel des Lungenautomaten

Lungenautomat (LA) vom Atemanschluss entfernen und LA vom neuen Gerät anbringen (Bild 29). Unter Nullsichtbedingung, gerade bei Lungenautomaten mit Schraubgewinde, ist dies keine leichte Aufgabe, da es zum Verkanten des Gewindes kommen

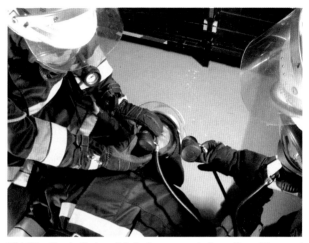

Bild 29: Durch die koordinierte Zusammenarbeit von Truppführer und Truppmann kann der Wechsel des Lungenautomaten zügig durchgeführt werden.

kann. Überdruckgeräte mit einem M45×3-Gewindeanschluss sind hier besonders anfällig. Zusätzlich kommt dann noch der Nachteil der Überdrucktechnik zum Tragen, dass jetzt durch den nicht korrekt angelegten LA kontinuierlich Luft abströmt. Dies zu bemerken ist für den SiTr äußerst schwierig. Lungenautomaten mit Steckanschluss sind etwas bedienerfreundlicher, trotzdem ist der Wechsel sorgfältig durchzuführen.

Wenn der Verunfallte ansprechbar ist, werden alle Arbeitsschritte und Handlungen vorher angekündigt. Dies nimmt nur wenige Sekunden in Anspruch, vermittelt aber das Gefühl von Sicherheit und beruhigt den zu rettenden AGT. Er kann sich besser auf die folgenden Maßnahmen einstellen und sogar – wenn möglich – kooperativ mitarbeiten. Bevor der LA endgültig vom Atemanschluss entfernt wird, sollte der Verunfallte noch einmal durchatmen, um genügend Luftreserven zu haben, bis der neue LA sicher am Atemanschluss angeschlossen ist.

Wenn der neue Lungenautomat angeschlossen wurde, muss man sich davon überzeugen, dass er korrekt arbeitet. Am Lungenautomat dürfen keine Abströmgeräusche zu hören sein, durch die Betätigung der Spülfunktion kann die Luftlieferungsleistung überprüft werden. Erst wenn die Überprüfung erfolgt ist, darf der Transport erfolgen.

Merke:
Das Anlegen des neuen Lungenautomaten ist mit besonderer Sorgfalt durchzuführen. Danach sind die Atemgeräusche am Lungenautomat zu überprüfen, um sich zu vergewissern, dass er richtig angelegt ist und korrekt arbeitet.

c) Wechseln des Atemanschlusses und des Lungenautomaten

Das Wechseln des Atemanschlusses und des Lungenautomaten ist eine sehr zeitaufwendige Maßnahme. Es ist vermutlich das schwierigste Verfahren, um einen Gerätewechsel zu vollziehen und nur durchführbar, wenn der Verunfallte aktiv mithelfen kann (Bild 30).

Unter Nullsicht einem Verunfallten ohne dessen Mithilfe einen Atemanschluss richtig anzulegen und den sicheren Sitz zu überprüfen, ist nicht praktikabel. Außerdem kann davon ausgegangen

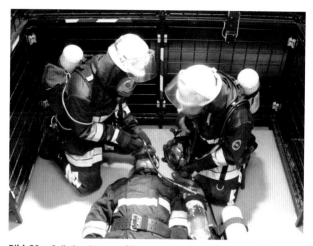

Bild 30: Soll der Atemanschluss gewechselt werden, muss der Verunfallte – wenn möglich – beim Entfernen und Anlegen mithelfen.

werden, dass beim Versagen des Atemanschlusses und Einatmen von Rauch der Verunfallte beim Eintreffen des SiTr schon bewusstlos ist und somit eine Crashrettung durchgeführt werden muss. Sollten trotzdem Gründe dafür sprechen den Atemanschluss zu wechseln, kann folgendermaßen vorgegangen werden.

Der Truppmann bereitet den mitgebrachten PA vor: Atemanschluss an den Lungenautomat anschließen, Maskenspinne komplett öffnen, Pressluftflasche am Gerät vollständig öffnen. Der Truppführer informiert den Verunfallten über die nachfolgenden Schritte und nimmt ihm den Helm ab. Wenn der Truppmann mit den Vorbereitungen fertig ist, öffnet er die Maskenspinne beim

Verunfallten, während dieser sich den Atemanschluss gegen sein Gesicht drückt, damit der Atemanschluss dabei nicht verrutscht. Wenn die Spinne komplett geöffnet ist, atmet der Verunfallte noch einmal durch, dann wird der Wechsel vollzogen. Der Verunfallte drückt sich jetzt den neuen Atemanschluss gegen das Gesicht. Bevor der Verunfallte das erste Mal einatmet, wird zuerst die Spülfunktion des LA betätigt (mindestens zehn Sekunden), um die im Innern des Atemanschlusses befindlichen Rauchgase zu entfernen. Danach wird die Maskenspinne vollständig, an den Nackenbändern beginnend, angezogen.

Bei Masken-Helm-Kombinationen bleibt die Vorgehensweise gleich, nur auf das Abnehmen des Helms wird verzichtet, weil daran die Maske befestigt ist.

Merke:
Der Wechsel eines Atemschutzgerätes darf – ungeachtet der Vorgehensweise – nur durchgeführt werden, wenn der Verunfallte nicht bewusstlos ist. Bei Bewusstlosigkeit des Verunfallten ist sofort eine Crashrettung durchzuführen.

11.4 In-Sicherheit-bringen

Das In-Sicherheit-bringen beinhaltet alle Vorgänge, die nach der Sicherstellung der Atemluft ablaufen. Alle hier beschriebenen Rettungstechniken sind relativ zeitaufwendig, garantieren aber eine patientengerechte Rettung des Verunfallten. Im Umkehrschluss darf natürlich keine Indikation für eine Crashrettung vorhanden sein.

Rettung unter Einsatz des Rettungstuches

Der Verunfallte wird auf das Rettungstuch gelagert. Hier empfiehlt es sich, die aus dem Rettungsdienst bekannten Lagerungstechniken zu verwenden. Das Rettungstuch wird am unteren Ende zwischen den Beinen des Verunfallten nach oben geführt, sodass die unteren Tragegriffe auf den mittleren aufliegen. Es entsteht dabei eine Rettungswindel, die es dem Rettungstrupp ermöglicht, den Verunfallten tragend aus dem Gefahrenbereich zu bringen (Bild 31). Besonders wenn Treppenräume begangen werden müssen, hat sich diese Methode als hilfreich erwiesen. Um die Rettung zu erleichtern, wird das neue Atemschutzgerät auf dem Oberkörper des Verunfallten verlastet. Dazu wird die Bebänderung geöffnet und ausgebreitet, damit die Trageschale vollflächig auf dem Oberkörper aufliegt. Eine weitere Variante besteht darin, die mittleren Tragegriffe auf beiden Seiten jeweils mit Karabinern zu fixieren. So besteht die Möglichkeit, den Verunfallten zu ziehen.

Rettung unter Einsatz der Schleifkorbtrage

Die Schleifkorbtrage ist ein universelles Rettungsmittel, welches bei vielen Feuerwehren bereits vorhanden ist. Die Handhabung ist einfach. Der Einsatz der Schleifkorbtrage bei der Rettung eines verunfallten AGT bietet die Möglichkeit, neben dem PA zur Sicherstellung der Luftversorgung auch weitere Ausrüstungsgegenstände mitzuführen (Bild 32). Beim Transport des AGT kann der PA entweder auf dem Oberkörper oder zwischen den Beinen gelagert werden. Da die Schleifkorbtrage über zahlreiche Grifföff-

Bild 31: Die Windelmethode ist vor allem bei der vertikalen Rettung hilfreich.

Bild 32: Die Schleifkorbtrage als universelles Rettungsmittel bietet die Möglichkeit, einen PA für den verunfallten AGT sowie weitere Ausrüstungsgegenstände für die Rettung mitzuführen.

nungen verfügt, können auch mehrere AGT beim Transport mithelfen. Lediglich an extremen Engstellen kann – bedingt durch die Länge der Trage (bei der nicht klappbaren Ausführung) – das schnelle Vorgehen des Sicherheitstrupps verzögert werden.

Rettung unter Einsatz der Rettungsmulde

Damit der Verunfallte in die Rettungsmulde eingelagert werden kann, muss er sitzend mit erhöhtem Oberkörper in eine aufrechte Position gebracht werden. Die Rettungsmulde wird dann senkrecht, mit dem rechtwinkligen Ende nach unten, so dicht wie möglich an das Gesäß des Verunfallten herangezogen. Danach

Bild 33: Die Umlagerung in die Rettungsmulde erscheint schwierig, mit der beschriebenen Methode ist sie jedoch relativ einfach und schonend für den Verunfallten.

wird die Mulde mit dem Verunfallten nach hinten gekippt (Bild 33). Nun liegt der Verunfallte sicher in der Rettungsmulde. Zusätzlich wird er noch mit den Haltegurten gesichert.

Durch die Rettungsmulde ist ein besserer Krafteinsatz möglich. Der Verunfallte kann abgesetzt werden und muss nicht wie beim Rettungstuch neu gefasst werden. Die Fixierung verhindert ein Verrutschen. Der neue PA liegt während der ganzen Rettungsaktion auf dem Oberkörper des Verunfallten. Dieser kann jetzt getragen oder gezogen werden (Bild 34). Die Rettungsmulde ist also für die horizontale sowie die vertikale Rettung geeignet.

Bild 34: Die Rettungsmulde kann gezogen, durch die seitlich angebrachten Eingriffsmöglichkeiten aber auch getragen werden. Sie ist daher vielseitig einsetzbar.

11.5 Trainingsbaustein »AVS-Strategie: Versorgen des Verunfallten«

Der Baustein behandelt die einzelnen Schritte und Maßnahmen des eingesetzten Sicherheitstrupps nach dem Auffinden des verunfallten Atemschutzgeräteträgers. Als Hauptaufgabe muss von den Übungsteilnehmern die Versorgung des Verunfallten mit Atemluft sichergestellt werden. Alle anderen Gesichtspunkte eines Atemschutznotfalls werden absichtlich ausgeblendet.

Es geht vorwiegend um die Aufteilung der Handlungen innerhalb des Sicherheitstrupps entlang des Ablaufschemas »Roter Faden« (wer macht was?), siehe auch Bild 35. Ausgangspunkt ist, dass der Verunfallte verletzt, aber ansprechbar ist und sich aus eigener Kraft nicht mehr retten kann. Der Rückmarschweg ist zu lang und sein Atemschutzgerät hat einen zu geringen Restdruck (40 bar). Die Atemluftversorgung wird mit dem vom Sicherheitstrupp mitgebrachten Pressluftatmer sichergestellt.

Die räumliche Anordnung des Sicherheitstrupps und seiner Ausrüstungsgegenstände um den Verunfallten ist ein wesentlicher Bestandteil dieses Bausteins und sollte ausführlich behandelt werden (Arbeitsstellenorganisation). Zu Beginn der Übungen ist auf eine Sichtbehinderung zu verzichten. Die Übungsteilnehmer sollten in Ruhe Gelegenheit bekommen, sich die einzelnen Schritte einzuprägen.

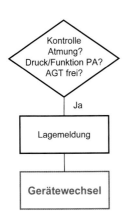

Bild 35:
Ausschnitt aus dem Handlungsschema »Roter Faden«

Später kann – wenn eine Leistungssteigerung erkennbar ist – der Schwierigkeitsgrad erhöht und die Übung auch unter Nullsicht durchgeführt werden. Ziel ist es, eine Automatisierung der Handlungsabläufe zu erreichen (Bild 36). Der Trainingsbaustein bekommt so nach und nach einen »drillmäßigen« Charakter. Mit »Drill« sind hier aber nicht Ausbildungsmethoden gemeint, die aus dem militärischen Bereich bekannt sind, sondern die AGT sollen ein Ausbildungsniveau erreichen, bei dem sie die Vorgehensweisen verinnerlicht haben und zu jeder Zeit – auch unter Stress – abrufen können.

Bild 36: Die Versorgung des Verunfallten mit Luft ist eine schwierige Aufgabe und muss trainiert werden. Der Sicherheitstrupp hat im Realfall, wenn jede Sekunde zählt, keine Zeit für lange Abstimmungsmaßnahmen.

12 Crashrettung

12.1 Definition

Die Crashrettung bezeichnet ein schnelles Retten eines Patienten aus einer lebensbedrohlichen Zwangslage. Um das Leben zu retten, werden mögliche Folgen, die durch eine nicht patientengerechte Rettung entstehen könnten, in Kauf genommen. Der zeitliche Verzug wird als schwerwiegender eingestuft als die möglichen Folgen einer nicht patientengerechten Rettung.

12.2 Indikationen für eine Crashrettung

Eine Crashrettung muss immer dann durchgeführt werden, wenn
- schwerwiegende (lebensbedrohliche) Verletzungen oder
- Störungen der Vitalfunktionen (Bewusstseinsstörung, Kreislauf- oder Atemstillstand)
  vorhanden sind.

Wenn man einen Ausfall eines Atemschutzgerätes als Unfallursache zu Grunde legt und sich der AGT in einem verrauchten Bereich befindet, kann man mit hoher Wahrscheinlichkeit annehmen, den Verunfallten bewusstlos vorzufinden. Bedingt durch die hohe Toxizität der Rauchgase tritt die Bewusstlosigkeit schon nach wenigen Atemzügen ein.

Es darf nicht gezögert werden wenn eine der o. g. Indikationen vorliegt, eine Crashrettung durchzuführen. Nur so können die Überlebenschancen des Verunfallten erhöht werden. Das Hauptaugenmerk liegt hier eindeutig auf der Zeit. Es werden keine Versuche unternommen, die Versorgung mit Atemluft sicher zu stellen.

Die Techniken der Crashrettung können auch zum schnellen Verbringen aus dem Gefahrenbereich genutzt werden. Geht ein Trupp zur Brandbekämpfung vor und verunfallt ein Truppmitglied im Gefahrenbereich, wird es von seinem Partner durch eine Crashrettung in den sicheren Bereich gebracht.

Merke:
Bei der Crashrettung ist der Zeitfaktor von größter Bedeutung. Der Verunfallte muss schnellstens aus dem Gefahrenbereich gebracht werden. Medizinische Erstmaßnahmen können ausschließlich außerhalb des Gefahrenbereichs durchgeführt werden.

12.3 Ziehen des Verunfallten am Atemschutzgerät

Der Verunfallte wird durch Ziehen an der Bebänderung des Atemschutzgerätes aus dem Gefahrenbereich gebracht. Diese Methode ist nur für kurze Strecken geeignet, da sie eine sehr hohe körperliche Beanspruchung, besonders in kriechender Fortbewegung und bei Nullsicht, darstellt.

12.4 Ziehen des Verunfallten mittels Bandschlinge

Die Crashrettung mittels Bandschlinge kann von einem AGT allein oder auch von einem Trupp durchgeführt werden.

Wenn die Rettung durch einen Trupp durchgeführt wird (Variante 1, siehe Bild 37), sollten die Bandschlingen um die Achseln und dann ineinander geführt werden. Beim Ziehen des Verunfallten verengen sich die Bandschlingen. Wenn sich der Rettungstrupp aufgrund schlechter Sichtverhältnisse kriechend fortbewegen muss, kann der Verunfallte durch die Bandschlingen besser hinterher gezogen werden.

Denkbar ist auch eine sofortige Rettung durch den Trupppartner. Bei dieser Variante (Variante 2, siehe Bild 38) wird die Bandschlinge unter den Achseln am Oberkörper vorbei geführt. Somit ergeben sich für den Retter zwei Haltepunkte, an denen der Verunfallte gezogen werden kann. Natürlich ist diese Methode auch für eine Rettung durch einen Trupp geeignet.

Die Bandschlinge sollte auf keinen Fall nur an der Bebänderung des Atemschutzgerätes durchgeführt werden (Bild 39). Denn dadurch besteht die Gefahr, dass der PA vom AGT abgezogen wird und der Atemanschluss vom Gesicht rutscht. Außerdem wird das Ziehen des Verunfallten schwieriger als bei den anderen Varianten.

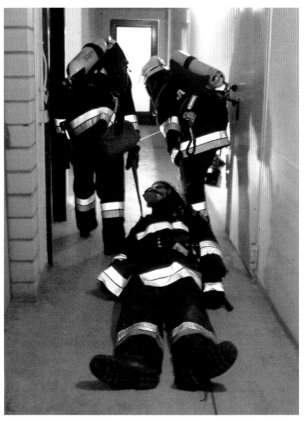

Bild 37:   Ziehen des Verunfallten mittels Bandschlinge – Variante 1

Bild 38:   Ziehen des Verunfallten mittels Bandschlinge – Variante 2

FALSCH!!!

Bild 39: Bei der Crashrettung darf die Bandschlinge auf keinen Fall – wie hier gezeigt – nur an der Bebänderung des Atemschutzgerätes durchgeführt werden.

Sobald ein vertikaler Wechsel der Ebenen zu vollziehen ist, scheidet das alleinige Ziehen des Verunfallten mit der Bandschlinge aus. Ist also beim Rückzug ein Höhenunterschied zu überwinden, muss eine geeignete Tragemöglichkeit vorhanden sein. Außerdem sollte dann die Crashrettung durch zwei AGT bewerkstelligt werden. Obwohl die Crashrettung keinen Zeitverlust zulässt, ist es effektiver, wenn eine Tragehilfe (z. B. Rettungstuch) verwendet wird. Der Zeitverlust durch das Umlagern des Verunfallten kann durch die bessere Tragemöglichkeit wettgemacht werden.

13 Handlungsschema »Roter Faden«

13.1 Der »Rote Faden«

Der »Rote Faden« dient dazu, in komplexen Notfallsituationen den Zeitverlust und Koordinationsbedarf so gering wie möglich zu halten (Bild 40). In Anlehnung an Reanimationsrichtlinien, nach denen auch immer wieder die gleichen Handlungen in einer bestimmten Reihenfolge geübt werden, soll auch hier ein Automatismus entstehen. Der »Rote Faden« soll einen einheitlichen Einsatzstandard garantieren (Standard-Einsatz-Regel). Er wurde in Anlehnung an die AVS-Strategie erstellt und soll dabei helfen, Maßnahmen und Handlungsabfolgen zur Bewältigung von Notfallsituationen zu erlernen und bis hin zur »drillmäßigen« Automatisierung zu führen.

Wenn möglichst viele Standardabläufe perfekt beherrscht werden, reduziert sich die Stressbelastung für die Einsatzkräfte und sie können logische Entscheidungen im Sinne eines rationalen Denkens treffen. Der »Rote Faden« kann aber nicht jede einzelne, eventuelle Einsatzsituation berücksichtigen, sondern muss so ausgelegt sein, dass er sich in der überwiegenden Mehrzahl der Fälle umsetzen lässt.

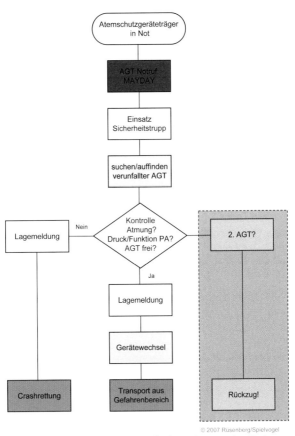

Atemschutzgeräteträger
in Not

AGT Notruf:
MAYDAY

Einsatz
Sicherheitstrupp

suchen/auffinden
verunfallter AGT

Kontrolle
Atmung?
Druck/Funktion PA?
AGT frei?

Nein — Lagemeldung

Ja

2. AGT?

Lagemeldung

Gerätewechsel

Transport aus
Gefahrenbereich

Crashrettung

Rückzug!

© 2007 Rüsenberg/Spielvogel

Bild 40: Im Notfall bleibt keine Zeit für lange Fragen oder Abstimmungen. Jeder muss wissen, was er zu tun hat. Die Aufgaben und Rollen müssen klar verteilt sein. Hier hilft das Handlungsschema »Roter Faden«.

Merke:

Die Abläufe des Handlungsschemas sollen so verinnerlicht sein, dass der AGT in einer Notfallsituation damit beginnt, eine Notfallroutine abzuarbeiten. Um dies zu beherrschen, muss das Handlungsschema »drillmäßig« beherrscht werden.

Das Notfalltraining und der »Rote Faden« betreffen nicht alleine die AGT, sondern auch alle anderen Einsatzkräfte. Eine besondere Verantwortung und ein besonderer Anspruch liegt hier bei den Führungskräften.

Merke:

Der Sicherheitstrupp allein kann die Notlage nicht bewältigen. Das Zusammenwirken aller Einsatzkräfte ist für die erfolgreiche Bewältigung einer Notlage erforderlich.

13.2 Standard-Einsatz-Regeln (SER)

In Abhängigkeit der örtlichen Verhältnisse (Strukturen/Ausrüstung/Fahrzeuge) sind allgemein verbindlich geltende Regeln für die Bewältigung solcher Notfallsituationen zu definieren. Die eigenen, örtlich unterschiedlichen Festlegungen können allenfalls organisatorischer Natur sein und basieren zwingend auf den Vorgaben der Feuerwehr-Dienstvorschriften und der Unfallverhütungsvorschriften.

Zitat:

Die FwDV und die UVV sind stets konsequent zu beachten. Feuerwehren wird abgeraten, abweichend von darin festgelegten Verhaltensanweisungen »eigene Regeln« zu erfinden. Insbesondere dann, wenn das Wissen um den Hintergrund der Vorschriften fehlt. (Unfallanalyse Tübingen – Reutlinger Str. 34/1)

Beispiel:

Die Einführung des »Roten Fadens« für den Sicherheitstrupp schafft eine Grundlage für das Training und gibt gleichzeitig im Einsatzfall eine klar strukturierte Vorgehensweise vor. Dabei werden die Vorgaben und Richtlinien der FwDV und der UVV eingehalten.

13.3 Rahmenbedingungen für Standard-Einsatz-Regeln

– Die Anweisungen müssen den einschlägigen Vorschriften entsprechen (UVV, Feuerwehr-Dienstvorschriften etc.).
– Sie orientieren sich an den gängigen Lehrmeinungen.
– Die Rollenverteilung muss allen klar sein, Befehlsstrukturen sind zwingend einzuhalten.
– Standard-Einsatz-Regeln sind von allen Einsatzkräften zu befolgen.

13.4 Anmerkungen zum Handlungsschema

Der graue Bereich im Handlungsschema »Roter Faden« beschreibt die Situation eines 2. AGT an der Einsatzstelle. Im Kapitel 14 wird auf die besondere Situation des 2. AGT eingegangen.

14 Entscheidungshilfe für den 2. AGT

Kommt es zu einem Notfall und ist nur ein AGT des Trupps betroffen, kann der andere AGT wesentlich zur Rettung des Verunfallten beitragen. Voraussetzung ist aber, dass er ruhig und besonnen reagiert. Dies kommt insbesondere dann zum Tragen, wenn der Flaschendruck des Verunglückten für eine Rettung aus dem Gefahrenbereich nicht mehr ausreicht. Die Überlebenschancen sind ohne Luftvorrat äußerst gering. Deshalb darf es keinesfalls zu Zeitverlusten kommen. Auch wenn man nicht in der Lage ist, den Verunfallten eigenständig zu retten, kann man sehr viel Vorbereitungsarbeit leisten.

Die Verhaltensstrategie für solche Szenarien ist im Sinne einer überschaubaren Einheitlichkeit nicht für jede Eventualität unterschiedlich aufgebaut. Es liegt auf der Hand, dass, sofern sich der Notfall im direkten Gefahrenbereich (z. B. Feuer/Flammen) ereignet, der 2. AGT den Verunfallten zunächst aus diesem Bereich in Sicherheit bringt (vgl. Crashrettung), um dann unmittelbar im Anschluss die notwendigen Maßnahmen durchzuführen.

Merke:
Durch konsequentes Handeln können die Zeitverluste bis zum Eintreffen des Sicherheitstrupps wesentlich verringert werden.

14.1 Vorgehensweise des 2. AGT

NOTFALL – AGT in NOT
Checkliste 2. AGT

Bodycheck - Zustand des Verunfallten
kontrollieren (Vitalfunktionen),
Kontrolle des Atemschutzgerätes

Notruf (MAYDAY) absetzen mit genauen
Angaben zu
Situation/Aufenthaltsort/Flaschendruck

Ist der Verunfallte ansprechbar?
Beruhigend einwirken und über die
Maßnahmen informieren

Eigenen Flaschendruck kontrollieren
und der Atemschutzüberwachung mitteilen
Entscheidung Rückzug: Ja/Nein? Wann?

Versorgung des verunfallten AGT:
Herstellen der Transportfähigkeit?!
Vorbereiten des Gerätewechsels?!
Befreien?! Crashrettung?!

Bild 41: Entscheidungshilfe für den 2. AGT, wenn sich der 1. AGT in einem Notfall befindet

Die Vorgehensweise des 2. AGT – wenn sich der 1. AGT in einem Notfall befindet – ist im Bild 41 ersichtlich. Es ist insbesondere dann wichtig, dass seitens des nicht verunfallten AGT die Rettungsmaßnahmen vorbereitet werden, wenn der Flaschendruck des Verunglückten für eine Rettung aus dem Gefahrenbereich nicht ausreicht.

15 Ergänzende Trainingsbausteine

Bei allen Trainingsbausteinen wird die Aufmerksamkeit auf die handwerkliche Ausführung der Rettung eines Atemschutzgeräteträgers gerichtet. Durch eine modulare Ausbildung erreicht man, dass die AGT stufenweise an das Ziel »routiniertes Abarbeiten eines Notfalls« herangeführt werden. Denn ohne vorheriges Training ist es selbst für erfahrene AGT äußerst schwierig, einen Verunfallten zu retten.

Zu Beginn der Ausbildung wird »nur« der sichere Umgang mit dem Atemschutzgerät in den Mittelpunkt gestellt. Hier zeigt sich, wie gut die AGT ihre Ausrüstung kennen. Nach und nach wird der Schwierigkeitsgrad gesteigert bis die AGT vor eine komplexe Einsatzsituation gestellt werden, mit dem Ziel, das Erlernte einzusetzen, um einen verunfallten AGT sicher und schnell zu retten ohne sich dabei selbst zu gefährden.

Realistische Bedingungen (z. B. keine Sicht, keine Ortskenntnisse oder Verunfallter in schwieriger Lage) werden in den Trainingsbausteinen berücksichtigt. Nur wer solche Situationen trainiert hat, kann diese auch bewältigen (vgl. Kapitel 3 »Stress im Atemschutzeinsatz«). Wenn die Handlungsabläufe automatisiert sind, ist der AGT auch in Ausnahmesituationen in der Lage, die richtigen Entscheidungen zu treffen und danach zu handeln.

Beim Ausarbeiten von weiteren Trainingsbausteinen können die Ausbilder ihre eigenen Ideen einbringen. Sie sollten sich dabei auch nicht scheuen neue Wege zu gehen! Der Bezug zur Praxis muss allerdings immer gegeben sein und es sind bestimmte »Spielregeln« und Rahmenbedingungen zu beachten.

15.1 »Spielregeln« für die Trainingsbausteine

Da es beim Notfalltraining vorrangig nicht um das taktische Vorgehen in Brandräumen geht, bleibt das Thema »richtiges Vorgehen bei der Brandbekämpfung« außen vor. Es werden gezielt Fertigkeiten geschult, die für einen Notfalleinsatz wichtig sind.

Auf Wärmeeinwirkung und Rauch wird verzichtet. Dies hat unter anderem den Vorteil, dass die Übungsleiter alle Vorgänge beobachten können und sie die Möglichkeit haben, bei Bedarf jederzeit einzugreifen. Im realen Einsatz ist mit einer starken Verrauchung zu rechnen, deshalb werden den Übungsteilnehmern an einer vorher definierten Rauchgrenze die Atemanschlüsse verdunkelt. Somit wird eine »Nullsicht«-Übungssituation geschaffen. Zur Reduzierung der Sicht können entweder eine sichtbehindernde Folie oder wiederbenutzbare Maskenüberzieher verwendet werden (Bild 42). Die Folie lässt den Übenden noch schemenhafte Umrisse erkennen, während die Maskenüberzieher eine wirkliche Nullsicht garantieren.

Hinweis:

Mit der Anbringung einer ca. fünf Millimeter großen Öffnung am Rand der Folie oder des Maskenüberziehers wird es dem AGT trotz verminderter Sicht oder Nullsicht möglich, das Manometer

Bild 42: Maskenüberzieher lassen keinerlei Sicht zu und können leicht selbst hergestellt werden. Der Vorteil ist, dass keine Gebäudeteile verraucht werden müssen und die Ausbilder alle Aktionen beobachten können. Außerdem können Maskenüberzieher wieder verwendet werden.

des PA abzulesen. Alle Tätigkeiten werden mit den Feuerwehr-schutzhandschuhen ausgeführt.

In Anbetracht der Tatsache, dass es sich bei einer Notlage eines AGT um eine zeitkritische Situation handelt, kann seitens der Ausbilder auf eine schnelle Durchführung der Rettungsaktionen gedrängt werden. Dabei ist aber auf ein angebrachtes Maß zu achten! Es sollen keine übertriebenen Versuche, Druck zu er-zeugen, gemacht werden. Realitätsnahe Einsatzübungen mit Übungsstress sind immer eine Gratwanderung. Auf keinen Fall dürfen die Teilnehmer traumatisiert werden. Knalleffekte (Kano-nenschlag, Böller) oder ein Zudrehen des Flaschenventils ohne Vorankündigung dürfen nicht Bestandteil des Notfalltrainings sein.

Bevor die Übungen beginnen, wird mit den Übungsteilneh-mern ein Abbruchsignal verabredet, mit dem ein sofortiger Ab-bruch der Übung erfolgen muss. Bei groben Verstößen gegen gel-tende Normen (z. B. UVV) ist seitens der Ausbilder einzugreifen. Auch wenn Übungen augenscheinlich nicht erfolgreich verlaufen oder das Übungsziel nicht erreicht wird, ist häufig dennoch ein Lernerfolg zu verzeichnen, wenn die gesammelten Erfahrungen beim nächsten Mal eingesetzt werden.

Merke:
Die Trainer vereinbaren mit den Übungsteilnehmern ein **ein-deutiges Abbruchsignal**. Bei Problemen kann so die Übung sofort beendet werden.

15.2 Rahmenbedingungen

Örtlichkeiten:
Die ersten Trainingseinheiten sollten in einem Feuerwehrgeräte-
haus oder besser in einer Atemschutzübungsstrecke durchgeführt
werden. Ein mit den üblichen Medien (Flipchart, Tageslichtpro-
jektor etc.) ausgestatteter Unterrichtsraum sollte für die Vermitt-
lung der theoretischen Grundlagen zur Verfügung stehen. Sanitär-
räume (Dusche, WC) sind ebenfalls mit in die Planung einzube-
ziehen.

Ausbilder:
Alle Ausbilder müssen selbst erfahrene Atemschutzgeräteträger
sein. Für das Notfalltraining sollten maximal vier Auszubildende
auf einen Ausbilder kommen. Durch kleine Gruppen kann gezielt
auf jeden Einzelnen eingegangen werden.

Sicherheitsvorkehrungen:
Wegen der mitunter hohen Belastungen der AGT ist zusätzlich
aus Gründen der Eigensicherung medizinische Ausrüstung bereit-
zuhalten. Mindestens einer der Ausbilder sollte Rettungshelfer
oder Rettungssanitäter sein.

Notfallausrüstung:
- Automatischer Externer Defibrillator,
- Sauerstoff,
- Beatmungsbeutel,
- Absaugpumpe,

- Guedeltuben,
- Verbandsmaterial,
- Einmalhandschuhe,
- Rettungsdecke.

Merke:
Es müssen geeignete Getränke bereitgestellt werden. Pro Person sind zirka 1,5 Liter einzuplanen.

15.3 Automatisieren von Handlungsabläufen

Das Ziel der Aus- und Fortbildung sollte es sein, durch wiederholtes Training die Leistungsfähigkeit des Einzelnen und der Gruppe zu steigern. Durch antrainierte Automatismen kann der Minderung der Leistungsfähigkeit unter Stress entgegen gewirkt werden. Wo Fehler oder Abweichungen im Ablauf entstehen, müssen die Feuerwehrangehörigen in der Lage sein, auf diese zu reagieren. Um dies zu erreichen, müssen die AGT in der Lage sein, problemorientiert zu handeln. Das bedeutet ein Fehlertraining sollte Bestandteil eines Notfalltrainings sein. Darüber hinaus ist es notwendig über Unfallursachen Bescheid zu wissen, um die Lage richtig einschätzen zu können.

Konzeptioneller Aufbau der Ausbildung (Bild 43)
Alle praktischen Aspekte der Rettung eines in Not geratenen AGT sollten geübt werden. Die AGT sollen nicht in einen bestimmten Rahmen gedrängt werden, sondern sie sollten die Möglichkeit ha-

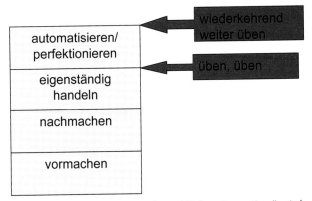

Bild 43: Automatisieren von Handlungsabläufen – konzeptioneller Aufbau der Ausbildung

ben zu experimentieren und auszuprobieren. Offensichtliche Fehler werden anfangs nicht korrigiert. Die AGT bleiben – wie im Einsatzfall auch – zunächst auf sich alleine gestellt. Erst später, in der Übungsnachbereitung, werden mit allen Übungsteilnehmern Lösungsvorschläge erarbeitet. Die hierbei gemachten Erfahrungen sind wertvoll für spätere Einsätze und Übungen. Der Schwierigkeitsgrad der Übungen wird schrittweise gesteigert (Bild 44).

15.4 Trainingsbaustein »Fehlersuche am PA«

Dieser Trainingsbaustein lässt sich gut in Form einer Stationsausbildung durchführen. An den Stationen liegen mit einer Nummer

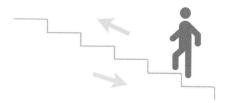

- Sicht
- Stress
- Zeit

- **Realitätsbezug**
- **Problem: Überforderung**

Bild 44: Eskalationstreppe: Die Steigerung des Schwierigkeitsgrades in den einzelnen Modulen sollte individuell auf die Leistungsfähigkeit des Teilnehmers abgestimmt sein. Dabei kann in den einzelnen Wiederholungen der Schwierigkeitsgrad zu-, aber auch abnehmen (grüne Pfeile), sodass der Teilnehmer nicht überfordert wird.

deutlich gekennzeichnete, fehlerbehaftete Atemschutzgeräte bereit. Die Trainingsteilnehmer haben die Aufgabe, durch Sicht- und Einsatzkurzprüfung die vorhandenen Fehler zu entdecken und zu dokumentieren. Abschließend, nachdem alle Teilnehmer die Stationen durchlaufen haben, erfolgt die Auflösung.

An den Atemschutzgeräten werden im Alltag mögliche Fehlerquellen dargestellt:

- zu geringer Flaschendruck,
- Restdruckwarner ohne Funktion oder falsch eingestellt,

- Begurtung nicht in Ordnung,
- Undichtigkeiten am Flaschenventil (Schraubgewinde zum PA).

Ein Atemschutzgerät bleibt vollständig in Ordnung.

Achtung:
Es ist unbedingt zu gewährleisten, dass alle manipulierten Atemschutzgeräte wieder in den Ausgangszustand gebracht werden, in dem sie vor der Übung waren. Außerdem sind sie durch einen Atemschutzgerätewart zu prüfen!

15.5 Trainingsbaustein »Vertraut werden mit dem PA«

Die Übungsteilnehmer bekommen die Aufgabe, einen PA für den Einsatz bereit zu machen und anzulegen. Danach werden Zweiertrupps gebildet. Zunächst stehen sich die beiden AGT gegenüber und beginnen damit, die Atemschutzgeräte abzulegen und anschließend zu tauschen. Der Lungenautomat und der Atemanschluss verbleibt beim PA-Träger. Durch den Tausch des Lungenautomaten an der Mitteldruckleitung wird der PA dem Übungspartner übergeben. Die Übung wird anfangs mit Sicht durchgeführt, zur Steigerung des Schwierigkeitsgrades kann den AGT die Sicht genommen werden (Bild 45).

Ziel dieser Aufgaben ist es, den sicheren Umgang mit den Atemschutzgeräten auch ohne Sicht zu üben und zu beherrschen. Des Weiteren soll die Angst vor dem Abkuppeln des Lungenauto-

Bild 45: Bei dieser Übung tritt die Kommunikation in den Vordergrund. Die Atemschutzgeräteträger müssen bei ihrer Vorgehensweise exakte Absprachen treffen.

maten genommen werden. Der AGT soll dadurch auf die spätere Aufgabe, unter Nullsicht einem Verunfallten das Atemschutzgerät zu wechseln, vorbereitet werden.

15.6 Trainingsbaustein »Fehlertraining«

Ein Gerätedefekt und ein daraus resultierender Ausfall eines Pressluftatmers ist der Alptraum jedes AGT. Situationsbedingt ist

Bild 46: Beim Zweitanschluss besteht die Möglichkeit, zusätzlich noch einen zweiten Lungenautomaten anzuschließen. Fällt bei einem Atemschutzgeräteträger die Luftversorgung aus, kann sich dieser bei seinem Trupppartner ankuppeln.

richtiges Agieren dann kaum noch möglich, weil der AGT nahezu keinen Handlungsspielraum mehr hat. Das Problem liegt darin, dass die AGT keine Redundanz haben, um einen Ausfall des Atemschutzgerätes zu kompensieren.

Ein Zweitanschluss an der Mitteldruckleitung kann eine Rückfallebene darstellen. Andere Fehler, wie beispielsweise das unbeabsichtige Zudrehen des Flaschenventils (siehe auch Kapitel 3 »Stress im Atemschutzeinsatz«), können durch konsequentes Handeln beseitigt werden, ohne das es zwangsläufig zu einem Notfall kommen muss. Ist bei den verwendeten Atemschutzgeräten ein Zweitanschluss vorhanden, kann dieser dazu benutzt werden die Luftversorgung sicherzustellen (Bild 46).

Die nachfolgende Aufstellung zeigt verschiedene Trainingsmöglichkeiten für den Ausfall der Luftversorgung durch das Atemschutzgerät.

Trainingsmöglichkeiten für den Ausfall der Luftversorgung

1. **Griff zum Flaschenventil**
   Der AGT muss in der Lage sein, das Flaschenventil des auf seinem Rücken befindlichen Atemschutzgerätes zu öffnen. Die Drehrichtung zum Öffnen des Flaschenventils muss er verinnerlicht haben.

2. **Spülfunktion des Lungenautomaten betätigen**
   Die Spülfunktion soll eventuelle Probleme mit der Dosiereinrichtung des Lungenautomaten beheben.

3. **Mitteilung an den Trupppartner**
   Mitteilung durch ein vorher bestimmtes Notfallstichwort oder -zeichen. Dies ist unerlässlich, um gemeinsam die Situation zu bewältigen.

4. **Umkuppeln des Lungenautomaten**
   Nur möglich, wenn der Trupppartner über einen Zweitanschluss verfügt. Die Maßnahme ist dann denkbar, wenn ein Gerätedefekt vorliegt, z.B. eine Vereisung im Druck-

minderer. Dadurch wird die Situation zunächst entschärft, und es kann/muss ein gemeinsamer Rückzug des Trupps erfolgen.

5. **MAYDAY – Notfallmeldung absetzen**
   Die Notfallmeldung muss vom Trupppartner abgegeben werden.

6. **Rückzug aus dem Gefahrenbereich**
   Rückzug immer als Trupp, niemals alleine!

15.7 Trainingsbaustein »U-Boot-Übung«

Einleitung

In einem U-Boot auf Tauchfahrt ist die normale Luftversorgung zusammengebrochen. Für die Mannschaft (AGT) besteht nur die Möglichkeit mittels eines Lungenautomaten und eines Atemanschlusses Luft aus einer Ringleitung, die durch das gesamte U-Boot führt, zu bekommen. Um sich fortbewegen zu können, müssen sich die »U-Boot-Fahrer« von der Ringleitung abkuppeln, um sich am nächsten Luftanschluss wieder anzukuppeln. Die »U-Boot-Fahrer« haben nun die Aufgabe, sich einmal komplett durch das U-Boot zu bewegen. Damit wird im Wesentlichen das Handling beim Umkuppeln des Lungenautomaten geübt. Zusätzlich fließen Aspekte aus den Themenbereichen »Kommunikation« und »Teamwork« ein.

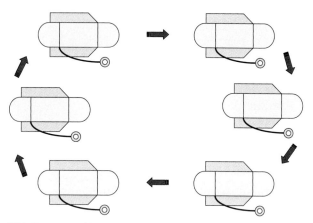

Bild 47: U-Boot-Übung. Die Teilnehmer bewegen sich mit angelegtem Atemanschluss und Lungenautomat im Uhrzeigersinn von PA zu PA.

Ausführung

Um diese Übung durchführen zu können, wird für jeden AGT ein Atemschutzgerät und ein Atemanschluss benötigt. Die Atemschutzgeräte werden in Form eines Kreises gelegt. Die AGT legen den Atemanschluss an und kuppeln sich an das vor ihnen liegende Atemschutzgerät an. Auf ein Zeichen kuppeln sich alle AGT ab und wechseln im Uhrzeigersinn zum nächsten Atemschutzgerät (Bild 47).

Wichtig bei diesem Modul ist, dass es nur weiter gehen kann, wenn alle AGT abgekuppelt haben. Dies wiederum fördert die Kommunikation, hier sind die gegenseitigen Absprachen der Schlüssel zum Erfolg. Damit die Fortbewegung reibungslos verläuft, muss die Mitteldruckleitung vom PA entfernt werden, damit ein größerer Aktionsradius entsteht. Die PA sollten alle gleich ausgerichtet sein, so ist die Mitteldruckleitung bei jedem PA an der selben Stelle zu finden.

Wenn die AGT diese Übung beherrschen, kann die Schwierigkeit noch durch das Abkleben des Atemanschlusses erhöht werden. Jetzt müssen die Absprachen noch exakter sein. Hier muss dann jedoch der Kreis mit den PA deutlich verkleinert werden. Es muss gewährleistet sein, dass die AGT den nächsten PA in einer angemessenen Zeit finden können.

Der Schwierigkeitsgrad kann schrittweise gesteigert werden durch:
– Erhöhung der Taktzahl,
– keine Sicht,
– keine Sprache,
– Richtungsänderungen.

Abkuppeln des Lungenautomaten von der Mitteldruckleitung

Das Kuppeln der Mitteldruckleitung erscheint im ersten Moment sehr schwierig und kaum dazu geeignet, in einer Notsituation einen verunfallten AGT mit Atemluft zu versorgen. Dieses Verfahren hat aber einige wichtige Vorteile:
– Durch häufiges Üben können die Ängste davor genommen werden und die AGT werden darin geschult.
– Die Mitteldruckleitung ist am PA immer an der gleichen Stelle angebracht und somit leicht zu finden.

- Auch wenn die Verbindung Lungenautomat/Mitteldruckleitung beim ersten Versuch nicht sofort einrastet, kann der AGT trotzdem atmen. Er muss den Lungenautomat nur mit etwas Druck in die Mitteldruckleitung drücken.
- Es ist auch bei eingeschränkter Sicht oder Nullsicht durchführbar.
- Es ist ein schnelles und sicheres Verfahren.

15.8 Trainingsbaustein »Abschlussübung – Retten eines verunfallten AGT«

Diese Übung ist als Abschlussübung des Notfalltrainings gedacht. Die Aufgabe der AGT ist es, eine komplexe Lage von Anfang an (beginnend mit dem Ausrüsten als Sicherheitstrupp) in Echtzeit abzuarbeiten. Es geht nur ein Trupp vor, um eine Rettung eines verunglückten AGT durchzuführen. Alle Ausbilder sind bei dieser Übung Beobachter und greifen nur ein, wenn eine Gefahr für die Übungsteilnehmer besteht.

Als Übungssituation könnte beispielsweise angenommen werden:
- ein AGT eines Trupps gerät in eine Notlage,
- der Sicherheitstrupp wird zur Rettung aktiviert,
- SiTr hat einen verlängerten Anmarschweg,
- der verunfallte Trupp muss gesucht werden,
- Maßnahmen am Verunfallten sollten nach der AVS-Strategie unter Beachtung des »Roten Fadens« durchgeführt werden,

– das In-Sicherheit-bringen sollte nur über einen Treppenraum möglich sein (vertikale Rettung).

Weitere Inhalte könnten sein:
– Atemschutzüberwachung,
– Rückzugssicherung,
– Kommunikation innerhalb des Trupps und nach außen,
– Aufgaben des Sicherheitstrupps,
– Crashrettung,
– Sicherstellung der Atemluftversorgung,
– Handlungsschema »Roter Faden«.

Es sollten möglichst viele Themenbereiche des Notfalltrainings eingearbeitet werden. Deswegen ist diese Aufgabe als Abschluss-übung vorgesehen. Die AGT können nun zeigen, was sie in den zurückliegenden Ausbildungsbausteinen gelernt haben.

Wegen der hohen körperlichen Belastungen sollten alle Teil-nehmer in guter Verfassung sein. Im Vorfeld sollte klar auf die zu erwartende Belastung und auf die Möglichkeit des freiwilligen Ausstieges oder Abbruches der Übung hingewiesen werden.

Aufgrund der Anzahl der zu erfüllenden Aufgaben sind die AGT gezwungen, sehr zügig und zielgerichtet zu arbeiten, da sonst die Atemluft nicht ausreichen würde, um die Übung erfolg-reich zu beenden. Grundsätzlich darf die Übungszeit bei maximal 25 Minuten liegen. Im Anschluss ist es unbedingt erforderlich, die gesammelten Eindrücke und Erfahrungen in einer ausführlichen Nachbesprechung aufzubereiten.

16 Projekt Notfalltraining in der Feuerwehr

In der Auseinandersetzung mit dem Thema »Notfalltraining« im Rahmen der Aus- und Fortbildung ist es weniger sinnvoll, nur einzelne Trainingsbausteine abzuhandeln. Der Themenkomplex erfordert es vielmehr, durch die Ausarbeitung einer strukturierten Abfolge der einzelnen Inhalte ein ordentliches Fundament an Wissen und Fertigkeiten zu vermitteln. Aus der Erfahrung der Autoren ergibt sich eine Reihenfolge der Themen, die unabhängig davon ist, ob ganze Tage oder nur Übungsabende zur Verfügung stehen.

Bei der Umsetzung ist die richtige Mischung zwischen Theorie und Praxis für den Lernerfolg wichtig. Das Vermitteln von theoretischen Grundlagen bildet erfahrungsgemäß den Einstieg in einen der Themenbereiche. Wichtig für die Glaubwürdigkeit des Notfalltrainings ist, dass die theoretischen Grundlagen auch praktisch umgesetzt werden können und mittels der Trainingsbausteine auch umgesetzt werden.

Block	Theorie	Praxis
1 – Einstieg	– Teamwork – Grundlagen FwDV 7 und UVV	Trainingsbaustein: – Fehlersuche am PA – Vertraut werden mit dem PA

2 – Kommunikation	– Kommunikations-
	  wege
	– Probleme
	– Informations-
	  weitergabe
		Trainingsbaustein:
		– Kommunikation
		– Informations-
		  management

3 – ASÜ/Stress	– Notwendigkeit
	– Anforderungen
	– Überwachungs-
	  kriterien
	– Stressfaktoren
	– Handlungsstrategien
	– Stressbewältigung
		Trainingsbaustein:
		– Atemschutzüber-
		  wachung
		– Fehlertraining

**4 – Leinensysteme/
Suchtechniken**
	– Feuerwehrleine
	– Leinensysteme
	  (Arten)
	– Geräteträger-
	  verbindung
	– Vorgehensweisen
	– Suchtechniken
		Trainingsbaustein:
		– Freischneiden
		– Suchtechnik

5 – Sicherheitstrupp	– Aufgaben – Ausrüstung – Einsatzgrundsätze	Trainingsbaustein: – Rettungsset – Einsatzübung SiTr
6 – AVS	– AVS-Strategie – Rollenverteilung – Bodycheck – Entscheidungs- kriterien – Gerätewechsel	Trainingsbaustein: – AVS-Strategie

Block	Theorie	Praxis
7 – Rückzugssiche-rung/Handling	– Arten der Rückzugs-sicherung – Vor- und Nachteile	Trainingsbaustein: – Rückzugssicherung – U-Boot-Übung (Wiederholung: Vertraut werden mit dem PA)
8 – Abschlussübung/ Nachbesprechung	– Nachbesprechung	Trainingsbaustein: – Abschlussübung

17 Zusammenfassung

Abschließend kann man sagen, dass sich nicht alle Aspekte des Themas mit einfachen und eindeutigen Regeln erfassen lassen oder in einer Ausbildungsunterlage umfassend zu behandeln sind. Das wäre in Anbetracht der Vielfalt möglicher Einsätze nicht angemessen. Dennoch lehren uns die Unfälle der Vergangenheit, auf mögliche Notfallsituationen mithilfe eindeutiger Regeln und Handlungsanweisungen gut vorbereitet zu sein. Solche Festlegungen und Absprachen müssen aber immer den Vorgaben der Feuerwehr-Dienstvorschriften und der Unfallverhütungsvorschriften entsprechen.

Die Grundlage für eine erfolgreiche Rettung wird bereits zu Beginn des Einsatzes gelegt. Hier liegt der Anspruch besonders bei den Führungskräften, ihre Einsatzstelle gut zu strukturieren.

Von entscheidender Bedeutung sind auch die kleinen Nachlässigkeiten, die im Alltag begangen werden. Ihnen gilt unsere Aufmerksamkeit bei der Analyse der Schwachstellen und Probleme. Die beste Vorbereitung ist nutzlos, wenn sie schon durch wenige Nachlässigkeiten zunichte gemacht wird. So ist neben der taktischen Planung auch der einwandfreie Zustand der Ausrüstungsgegenstände von entscheidender Bedeutung.

In der Situation des Notfalls zeigt sich sofort die Qualität der Vorkehrungen. Fehlende Voraussetzungen für die erfolgreiche Rettung des verunfallten Atemschutzgeräteträgers können dann nicht mehr kompensiert werden!

Notfalltraining aktiv zu praktizieren, bedeutet einen wesentlichen Beitrag zur Sicherheit der Feuerwehrangehörigen bei der Einsatzbewältigung zu leisten.

Unser Dank gilt allen, die bei der Entwicklung des Themas und im weiteren Verlauf bei der Erstellung dieses Roten Heftes mitgeholfen haben.

Die Autoren

Literaturverzeichnis

Arbeitskreis Ausbildung der AGBF Baden-Württemberg: Empfehlung zur Durchführung eines Atemschutz-Notfalltraining.

Berufsfeuerwehr Köln: Schlussbericht zum Einsatz »Kierberger Straße 15« am 6. März 1996.

Dr. med. Finteis, Thorsten et al.: Stressbelastung von Atemschutzgeräteträgern bei der Einsatzsimulation im Feuerwehr-Übungshaus Bruchsal Landesfeuerwehrschule Baden-Württemberg – STATT-Studie.

Ferch, Herbert/Melioumis, Michael: Führungsstrategie – Großschadenlagen beherrschen, Verlag W. Kohlhammer, Stuttgart, 2005.

Feuerwehr-Dienstvorschrift 7 »Atemschutz«, Ausgabe 2002 mit Änderungen 2005.

Innenministerium Baden-Württemberg/Unfallkommission Tübingen: Bericht zum Einsatz »Tübingen – Reutlinger Straße 34/1« am 17. Dezember 2005.

Lazarus, Richard S.: Stress and emotion – a new synthesis, Free Association Books, 1999.

Projektgruppe Feuerwehr-Dienstvorschriften des AFKzV: Erläuterungen zur Feuerwehr-Dienstvorschrift 7 »Atemschutz«.

Schläfer, Heinrich: Das Taktikschema – Grundlagen der Einsatzführung, 4. Auflage, Verlag W. Kohlhammer, Stuttgart, 1998.

Schröder, Hermann: Brandeinsatz – Praktische Hinweise für die Mannschaft und Führungskräfte, Die Roten Hefte 9, 3. Auflage, Verlag W. Kohlhammer, Stuttgart, 2007.

Schröder, Hermann (Hrsg.): Fit for Fire Fighting, 2. Auflage, Hampp Verlag, Stuttgart, 2006.